爽口凉菜
一步一图教你做

甘智荣／主编

黑龙江科学技术出版社
HEILONGJIANG SCIENCE AND TECHNOLOGY PRESS

图书在版编目（CIP）数据

爽口凉菜，一步一图教你做 / 甘智荣主编. -- 哈尔滨 ：黑龙江科学技术出版社，2015.10（2024.2重印）
ISBN 978-7-5388-8496-8

Ⅰ. ①爽… Ⅱ. ①甘… Ⅲ. ①凉菜－菜谱－图解 Ⅳ. ①TS972.121-64

中国版本图书馆CIP数据核字(2015)第204978号

爽口凉菜，一步一图教你做
SHUANGKOU LIANGCAI YIBU YITU JIAONIZUO

主　　编　甘智荣
责任编辑　梁祥崇
策划编辑　朱小芳
出　　版　黑龙江科学技术出版社
地址：哈尔滨市南岗区公安街70-2号　邮编：150007
电话：（0451）53642106　传真：（0451）53642143
网址：www.lkcbs.cn
发　　行　全国新华书店
印　　刷　三河市天润建兴印务有限公司
开　　本　723 mm×1020 mm　1/16
印　　张　16
字　　数　300千字
版　　次　2015年11月第1版
印　　次　2015年11月第1次印刷　2024年2月第2次印刷
书　　号　ISBN 978-7-5388-8496-8
定　　价　68.00元

序言 Preface

我们从出生开始，每一天的生活都离不开吃。为了吃得好，势必要提高食物的质量。单纯一个“吃”字，虽足以概括饮食的本质，但却无法详细地剖析出隐藏在其背后的美味佳肴。因此，如何让“吃”变得更精致，还需要从了解每一道佳肴本身入手。

根据这一初衷，本套“全分解视频版”系列书籍应运而生。本套丛书共12本，内容涵盖了美食的方方面面，大到家常菜、川湘菜、主食、汤煲、粥品、烘焙、西点，小至小炒、凉菜、卤味、泡菜，只要是日常生活中会出现的美食，你都能在这里找到。

就《爽口凉菜，一步一图教你做》这一本来说，凉菜，营养健康，老少皆宜，深得人们的青睐。凉菜既可作为开胃小食，也可作为美味可口的主菜，其做法灵活多变、花样百出，人们随时可以根据自己的喜好来调味。在日常的餐桌上，凉菜是不可错过的美味。

本书主要介绍生活中常见的可口凉菜，将其分为素菜、肉禽蛋、水产、沙拉四大类，每种类别都有多款别致的菜式。从材料、调料、做法到烹饪提示，将一道凉菜从准备到制作完毕的过程全部展现出来，简单明了，让读者迅速掌握凉菜制作的要领，享受自己制作的美味。

本套“全分解视频版”丛书除立意鲜明、内容充实之外，还有一个显著的亮点，即是利用现如今最流行的“二维码”元素，将菜肴的制作与动态视频紧密结合，巧妙分解每一道佳肴的制作方法，始终坚持做到“一步一图教你做”，让视频分解出最细致的美味。

看完这套书，你会领悟“授人以鱼，不如授人以渔”的可贵。相比摆在眼前就唾手可得的现成食物，弄懂如何亲手制作美味佳肴，难道不显得更有意义吗?

如果你是个“吃货”，如果你有心学习“烹饪”这门手艺，如果你想让生活变得更丰富多彩，那就行动起来吧！用自己的一双巧手，对照着图书边看边做，或干脆拿起手机扫扫书中的二维码，跟着视频来学习制作过程。只要勇于迈出第一步，相信你总会有所收获。

希望谨以此套丛书，为读者提供方便，也衷心祝愿这套丛书的读者，厨艺更精湛，生活更上一层楼。

Contents 目录

Part 1 凉拌基础篇

凉菜调料有哪些

凉菜调味汁有哪些

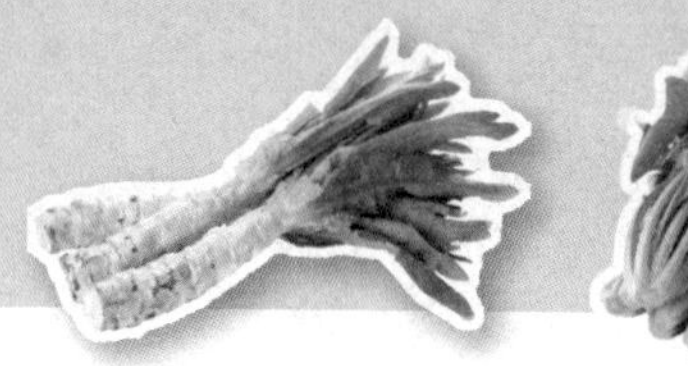
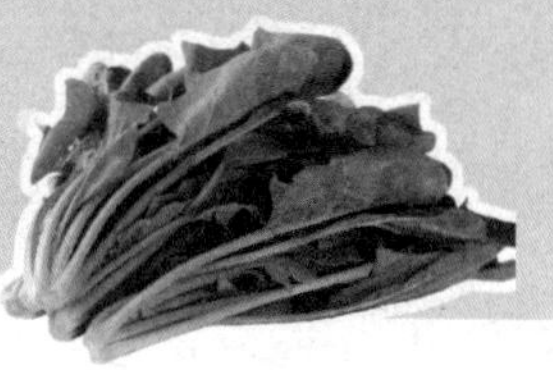

•凉菜的常见制作要点

•凉菜拼盘方法有哪些

•凉菜装盘方法有哪些

Part 2 爽口素菜

Contents 目录

Part 3 诱人肉、禽、蛋

Contents 目录

Part 4 鲜香水产

Contents 目录

Part 5 开胃沙拉

Part 1

凉拌基础篇

凉菜的历史悠久，可追溯到周朝和先秦时期。每一道凉菜，吃的不仅仅是食物的本身，调味料才是灵魂所在。吃前将各种食材连同酱汁拌均匀，酸、辣、甜、麻、香味在口腔中散发开来，爽口又养生。

凉菜调料有哪些

做凉菜，调料很重要。一般来说，制作好吃又好看的凉菜，都要用到以下这些调料。

•酱油

酱油一般有老抽和生抽两种。生抽味较咸，主要用于提鲜；老抽味较淡，主要用于提色。

•海鲜酱油

海鲜酱油集酱香、鲜香、海鲜于一身，以特级生抽酱油为主料，配以经现代工艺提炼出的海鱼虾的精华液，营养丰富，香味浓郁，味道鲜甜，海鲜风味悠长。

•精盐

精盐也叫加工盐或细盐，是经去除杂质后再次结晶析出的盐，杂质少，经加工后有些微量元素也被去除了。有时还要加入碘，制成加碘盐，以预防甲状腺病。

•味精

味精又名“味之素”，学名“谷氨酸钠”。成品为白色柱状结晶体或结晶性粉末，是目前国内外广泛使用的增鲜调味品之一。

•鸡精

鸡精是以新鲜鸡肉、鸡骨、鸡蛋为原料制成的复合增鲜、增香的调味料。现在普遍用鸡精代替味精，适量加入菜肴、汤羹、面食中，均能起到调味效果。

•醋

据说醋是由古代酿酒大师杜康的儿子黑塔发明的。醋，又称为酢、醯、苦酒等，是家庭烹饪中常用的一种液体酸味调味料。

•芝麻酱

芝麻酱是大众非常喜爱的香味调味品之一，有白芝麻酱和黑芝麻酱两种类型。食用以白芝麻酱为佳，补益以黑芝麻酱为佳。

•麻油

麻油，一般指麻籽榨的油。麻油在不少地区还是花椒油的称呼，像在四川地区就被称为花椒油。

•芝麻

芝麻是中国四大食用油料作物的佼佼者，是中国主要油料作物之一。芝麻具有较高的应用价值，其种子的含油量高达61%。

•芝麻油

芝麻油，即香油，一般是指由胡科植物芝麻种子榨取的脂肪油，亦称“胡麻油”“脂麻油”“汪油”等。

•酱汁

酱汁一般是由面酱、精盐、白糖、芝麻油等制作而成，用来酱制菜肴，荤素均宜，如：酱汁茄子、酱汁肉等。

•蒜末

蒜末就是把大蒜洗净后，切碎、磨碎，碾成粉末状后制成的。蒜末可以与其他食物配合，调制成上百种菜肴，美味可口。

凉菜调味汁有哪些

一道凉菜是否好吃，最重要的一点就在于调味汁，好的调味汁可以使凉菜成为一道百吃不厌的传奇。

盐味汁

用料为盐、味精、芝麻油，加适量鲜汤调和而成，为白色咸鲜味。适于拌食鸡肉、虾肉、蔬菜、豆类等，如：盐味鸡脯、盐味虾、盐味蚕豆、盐味莴笋等。

韭味汁

用料为腌韭菜花、味精、芝麻油、精盐、鲜汤。腌韭菜花用刀剁成蓉，然后加调料鲜汤调和，为绿色咸鲜味。拌食荤素菜肴皆宜，如：韭味里脊、韭菜口条等。

葱油

用料为生油、葱末、盐、味精。葱末入油后炸香，即成葱油，再同调料拌匀，为白色咸香味。用以拌食禽、蔬、肉类菜，如：葱油鸡、葱油萝卜丝等。

芥末糊

用料为芥末粉、醋、味精、芝麻油、白糖。将芥末粉、醋、白糖与适量清水调和成糊状，静置半小时后再加调料调和，为淡黄色咸香味。用以拌食荤素菜均宜，如：芥末肚丝、芥末鸡皮苔菜等。

酱油汁

用料为酱油、味精、芝麻油、鲜汤，为红黑色咸鲜味。主要用于拌食或蘸食肉类主料，如：酱油鸡、酱油肉等。

虾油汁

用料有虾子、盐、味精、芝麻油、绍酒、鲜汤。做法是先用芝麻油炸香虾子后再加调料烧沸，为白色咸鲜味。用以拌食荤素菜皆可，如：虾油冬笋、虾油鸡片。

三味汁

用料为蒜泥汁、姜味汁、青椒汁，将三味调和而成，为绿色香辣味。用以拌食荤素菜皆宜，如：炝菜心、拌肚仁、三味鸡等，具有独特风味。

蟹油汁

用料为熟蟹黄、盐、味精、姜末、绍酒、鲜汤。蟹黄先用植物油炸香后加调料烧沸，为橘红色咸鲜味。多用以拌食荤菜，如：蟹油鱼片、蟹油鸭脯等。

蚝油汁

用料为蚝油、盐、芝麻油，加鲜汤烧沸，为咖啡色咸鲜味。用以拌食荤菜，如：蚝油鸡、蚝油肉片等。

麻叶汁

用料为芝麻酱、盐、味精、芝麻油、蒜泥。将麻酱用芝麻油调稀，加盐、味精调和均匀，为红色咸香料。拌食荤素菜均可，如：麻酱拌豆角、麻汁黄瓜、麻汁海参等。

椒麻汁

用料为生花椒、生葱、盐、芝麻油、味精、鲜汤。将花椒、生葱同捣碎，制成细蓉，加入调料，调和均匀，为绿色或咸香味。拌食荤菜，如：椒麻鸡片、野鸡片、里脊片等。忌用熟花椒。

糟油

用料为糟汁、盐、味精，调匀后为咖啡色咸香味。用以拌食禽、肉、水产类菜，如：糟油凤爪、糟油鱼片、糟油虾等。

咖喱汁

用料为咖喱粉、葱、姜、蒜、辣椒、盐、味精、食用油。咖喱粉加水调成糊状，用油炸成咖喱浆，加汤调成汁，为黄色咸香味。用以拌食禽、肉、水产类菜，如：咖喱鸡片、咖喱鱼条等。

姜味汁

用料为生姜、盐、味精、油。生姜挤汁，与调料调和，为白色咸香味。最宜拌食禽类菜，如：姜汁鸡块、姜汁鸡脯等。

蒜泥汁

用料为生蒜瓣、盐、味精、麻油、鲜汤。蒜瓣捣烂成泥，加调料、鲜汤调和，为白色。拌食荤素菜皆宜，如：蒜泥白肉。蒜泥豆角等。

五香汁

用料为五香料、盐、鲜汤、绍酒。做法为鲜汤中加盐、五香料、绍酒，将原料放入汤中，煮熟后捞出冷食。最适宜煮禽内脏类菜，如：盐水鸭肝等。

茶熏味汁

用料为精盐、味精、芝麻油、茶叶、白糖、木屑等。做法为先将原料放在盐水汁中煮熟，然后在锅内铺上木屑、糖、茶叶，加箅子，将煮熟的原料放箅子上，盖上盖用小火熏，使烟剂凝结原料表面。禽、蛋、鱼类皆可熏制，注意锅中不可着旺火。

酱醋汁

用料为酱油、醋、芝麻油。调和后为浅红色，为咸酸味型。用以拌菜或炝菜，荤素皆宜，如：炝腰片、炝胗肝等。

酱汁

用料为面酱、盐、白糖、芝麻油。先将面酱炒香，加入白糖、盐、清汤、芝麻油后再将原料入锅靠透，为赭色咸甜型。用来酱制菜肴，荤素均宜，如：酱汁茄子、酱汁肉等。

糖醋汁

用料为白糖、醋，二者调和成汁后，拌入主料中，用于拌制蔬菜，如：糖醋萝卜、糖醋西红柿等；也可以先将主料经炸或煮熟处理后，再加入糖醋汁炸透，成为滚糖醋汁，多用于拌食荤菜。

山楂汁

用料为山楂糕、白糖、白醋、桂花酱。将山楂糕打烂成泥后加入调料调和成汁即可。多用于拌制蔬菜果类菜，如：楂汁马蹄、楂味鲜菱、珊瑚藕。

茄味汁

用料为番茄酱、白糖、醋，做法是将番茄酱用油炒透后加糖、醋、水调和。多用于拌溜荤菜，如：茄汁鱼条、茄汁大虾、茄汁里脊、茄汁鸡片。

红油汁

用料为红辣椒油、盐、味精、鲜汤，调和成汁，为红色咸辣味。用以拌食荤素菜，如：红油鸡条、红油鸡、红油笋条、红油里脊等。

青椒汁

用料为青辣椒、盐、味精、芝麻油、鲜汤。将青椒切剁成蓉，加调料调和成汁，为绿色咸辣味。多用于拌食荤食菜，如：椒味里脊、椒味鸡脯、椒味鱼条等。

胡椒汁

用料为白椒、盐、味精、芝麻油、蒜泥、鲜汤，调和成汁后，多用于炝、拌肉类和水产类菜，如：拌鱼丝、鲜辣鱿鱼等。

凉菜的常见制作要点

凉菜与热菜烹调方法是有区别的，它的主要特点是：选料精细，口味干香、脆嫩、爽口不腻，色泽艳丽，造型整齐美观，拼摆和谐悦目。

制作前注意事项

做凉菜一定要挑选新鲜蔬菜。蔬菜要用清水多冲洗几遍，其沟凹处的污垢要抠挖干净。菜洗净后，用煮沸的水烫几分钟，捞出后即可切制。

拌凉菜时，应用干净筷子，切菜的刀、案板、盛菜器皿也应用开水冲烫消毒。一般凉菜可加点葱、蒜、姜末和醋，既可以调味，又起杀菌消毒作用。

做凉拌肉菜时，肉一定要先煮熟煮透，切肉的刀和案板也要和切生肉、生菜的刀、案板分开。

制作时注意事项

制作凉菜的时候，还应注意以下事项：

①凉菜除必须达到干香、爽口等要求外，还要求做到味透肌里、品有余香。

②根据凉菜不同品种的要求，要做到脆嫩清香，或爽口、无汤、不腻。

③切材料时必须认真精细，做到整齐美观、大小相等、厚薄均匀，使改刀后的凉菜形状达到菜肴质量的要求。

④摆盘时要求做到菜与菜之间、辅料与主料之间、调料与主料之间、菜与盛器之间色彩调和，造型要大方，使成品呈现出色形相映、五彩缤纷、生动逼真的美感。

⑤要注意各种菜之间的营养素及荤素菜的调剂，做到色、香、味、形俱美，还要讲究卫生，使制成的菜肴符合营养卫生的要求。

⑥在凉菜拼摆装盘时，要注意节约原料，在保证质量的前提下，尽力减少不必要的损耗，以使原料达到物尽其用。

凉菜拼盘方法有哪些

制作凉菜拼盘，要了解凉菜拼盘的基本知识和具体操作步骤。传统的凉菜拼盘有双拼、三拼、四拼、五拼、什景拼盘、花色冷拼等六种不同的格式。

双拼

双拼就是把两种不同的凉菜拼摆在一个盘子里。它要求刀工整齐美观，色泽对比分明。

双拼的拼法多种多样，可将两种凉菜一样一半，摆在盘子的两边；也可以将一种凉菜摆在下面，另一种盖在上面；还可将一种凉菜摆在中间，另一种围在四周。但不管是那种，都要做到外观美丽。

三拼

三拼就是把三种不同的凉菜拼摆在一个盘子里，一般选用直径24厘米的圆盘。

三拼不论从凉菜的色泽要求和口味搭配，还是装盘的形式上，都比双拼要求更高。

三拼最常用的装盘形式，是从圆盘的中心点将圆盘划分成三等份，每份摆上一种凉菜；也可将三种凉菜分别摆成内外三圈，等等。

四拼

四拼的装盘方法和三拼基本相同，只不过增加了一种凉菜而已。四拼一般选用直径33厘米的圆盘。

四拼最常用的装盘形式，是从圆盘的中心点将圆盘划分成四等份，每份摆上一种凉菜；也可在周围摆上三种凉菜，中间再摆上一种凉菜。

四拼中每种凉菜的色泽和味道都要间隔开来。

五拼

五拼也称中拼盘、彩色中盘，是在四拼的基础上，再增加一种凉菜。五拼一般选用38厘米圆盘。

五拼最常用的装盘形式，是将四种凉菜呈放射状摆在圆盘四周，中间再摆上一种凉菜；也可将五种凉菜均呈放射状摆在圆盘四周，中间再摆上一座食雕做装饰。

什锦拼盘

什锦拼盘就是把多种不同色彩、不同口味的凉菜拼摆在一只大圆盘内。什景拼盘正常选用直径42厘米的大圆盘。

什景拼盘要求外形整齐，刀工精巧详实，拼摆角度准确，色彩搭配协调。

什景拼盘的装盘形式有圆、五角星、九宫格等几何图形，以及葵花、大丽花、牡丹花、梅花等花形，从而形成一个五花八门的图案，给食者以心旷神怡的感觉。

花色冷拼

花色冷拼，也称象形拼盘、工艺冷盘，是在经过全心构思后，运用精湛的刀工及艺术手腕，将多种凉菜菜肴在盘中拼摆成飞禽走兽、花鸟虫鱼、山水园林等各种平面的、立体的或半立体的图案。

花色冷拼是一种技术要求高、艺术性强的拼盘形式，其操作程序比较复杂，故正常只用于高档宴席。

花色冷拼要求主题突出，图案新颖，形态生动，造型逼真，食用性强。

凉菜装盘方法有哪些

凉菜的装盘，大体可分为三个步骤、六种方法。不同的凉菜有时候要求不同的装盘，这样才能使之好看又味。

装盘的三个步骤

无论“单盘”“双拼”“什锦拼盘”，都必须根据原料的原有形态，以及经过刀工处理的块、片、条、丝等不同形状适当使用。

装盘时一般要经过垫底、围边、装面三个步骤。第一步垫底，即装盘时先把一些碎料和不整齐的块、段配料垫在盘底；第二步围边，又称“扇面”，就是用比较整齐的熟料在四周把垫底的碎料盖上；第三步装面，把质量最好，切得最整齐，排列得最均匀，美观的熟料排在盘面上。

装盘的六种方法

1.排

排，就是将熟料平排，成行地排在盘中，排菜的原料大都用较厚的方块或圆块、椭圆形。

排，可以有多种不同的排法，如：火腿、牛肉等肉类，可以切成片，叠排成锯齿形，逐层排迭，可以排出多种花色。

2.堆

堆，就是把熟料堆放在盘中，一般用于单盘。堆也可配色成花纹，有些还能堆成很好看的宝塔形。

3.叠

叠，是把加工好的熟料一片片整齐地叠起，一般叠成梯形。

4.围

围，是将切好的熟料排列成环形，层层围绕。

用围的方法，可以制成很多的花样。有的在排好主料的四周围上一层辅料来衬托主料，叫作围边；有的将主料围成花朵，中间另用辅料点缀成花心，叫作排围。

5.摆

摆，是运用各式各样的刀法，采用不同形状和色彩的熟料，装成各种物形或图案等，这种方法需要有熟练的技术，才能摆出生动活泼、形象逼真的形状来。

6.覆

覆，是将熟料先排列在碗中或刀面，再翻扣入盘中的技法。

拼摆要求

凉菜摆盘很有讲究，需要做到以下六点：

①要注意颜色的配合和映衬，相近的颜色要间隔开。

②“硬面”和“软面”要很好地结合。

③拼摆的花样和形式要富于变化。

④要很好地选择盛器。

⑤要防止带汤汁的不同口味的原料互相“串味”。

⑥拼摆冷盘时要特别注意卫生。

注意事项

要想完成一道凉菜，还要注意以下要点：

①各种不同质地的原料要相互配合，软硬搭配，能定形的原料要整齐地摆在表面，碎小的原料可以垫底。

②一桌酒席中的冷盘不能千篇一律，要注意多样化。

③要注意口味上的搭配，一只冷盘要尽量多种口味。

④要注意季节的变化，夏季要清淡爽口，冬季可浓厚味醇。

⑤要注意盛装器皿的选择，使原料与器皿协调。

Part 2

爽口素菜

中国的凉拌素菜源远流长，它产生于春秋战国时期，发展于魏晋南北朝。从此，凉拌素菜便自成体系，独树一帜，风格别致，成为丰富多彩的中国菜肴和饮食文化的一个重要组成部分。

本部分将重点介绍一些营养又健康的凉拌素菜，道道美食精美可口，看这里面有没有令你垂涎欲滴的一款。

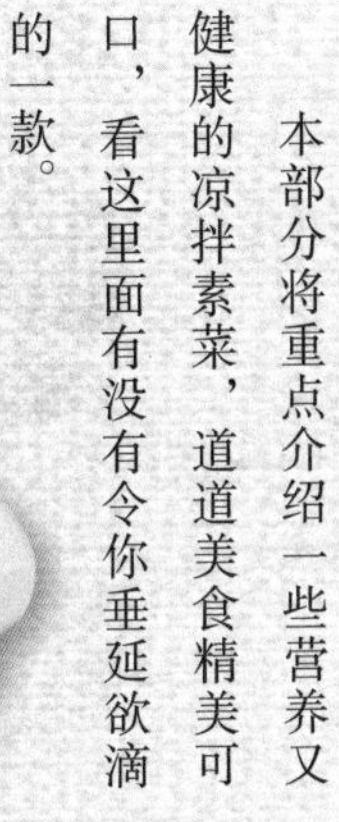

炝拌包菜

◉难易度：★☆☆ ◉功效：增强免疫力

材料

包菜200克，蒜末、枸杞各少许

调料

盐2克，鸡粉2克，生抽8毫升

做法

❶ 将洗净的包菜切去根部，再切成小块，撕成片。
❷ 将锅中注入适量清水，大火烧开，倒入包菜、洗净的枸杞，拌匀。
❸ 捞出焯好的食材，沥干水分，待用。
❹ 取一个大碗，放入焯好的食材。
❺ 放入少许蒜末。
❻ 加入盐、鸡粉、生抽，拌匀。
❼ 将拌好的菜肴放入盘中即可。

辣拌包菜

◉难易度：★☆☆　◉功效：清热解毒

材料

包菜500克，红椒15克，蒜末少许

调料

盐5克，鸡粉2克，生抽、陈醋、辣椒油、食用油各适量

做法

1. 洗净的红椒去籽，切丝；洗净的包菜切细丝。
2. 锅中加水烧开，加入适量盐、食用油，放入包菜、红椒。
3. 拌煮约1分钟至食材熟透，捞出沥干水分待用。
4. 取一干净的碗，倒入焯好的食材。
5. 放入蒜末，淋入生抽、陈醋。
6. 加入盐、鸡粉，淋上辣椒油。
7. 拌至入味，盛入盘中即可。

紫甘蓝拌茭白

◉难易度：★☆☆　◉功效：降低血压

材料

紫甘蓝150克，茭白200克，彩椒50克，蒜末少许

调料

盐2克，鸡粉2克，陈醋4毫升，芝麻油3毫升，食用油、生抽各适量

做法

1. 洗好的茭白、彩椒、紫甘蓝均切成丝。
2. 锅中注水烧开，加油，倒入茭白，煮至五成熟。
3. 加入紫甘蓝、彩椒略煮片刻，捞出食材装碗。
4. 碗中放入蒜末，加入生抽、盐、鸡粉，淋入陈醋、芝麻油。
5. 用筷子搅拌均匀，装入盘中即可。

紫甘蓝拌粉丝

◉难易度：★☆☆ ◉功效：美容养颜

材料

紫甘蓝160克，彩椒20克，水发粉丝90克，香菜段45克，葱丝、蒜末各少许

调料

盐、鸡粉各2克，白糖1克，陈醋15毫升，生抽6毫升，芝麻油10毫升

做法

❶ 洗好的彩椒、紫甘蓝均切成细丝。

❷ 锅中注水烧开，放入粉丝，焯至其熟软，捞出。

❸ 取一个大碗，倒入紫甘蓝、香菜梗、蒜末、葱丝、粉丝、彩椒，拌匀。

❹ 加入所有调料，拌匀至食材入味。

❺ 倒入香菜叶，搅拌均匀，盛入盘中即可。

跟着做不会错：腌渍白菜的时间不宜太长，以免影响口感。

糖醋辣白菜

◉难易度：★★☆ ◉功效：通利肠胃

材料

白菜150克，红椒30克，花椒、姜丝各少许

调料

盐3克，陈醋15毫升，白糖2克，食用油适量

做法

❶ 洗好的白菜切去根部，切去多余的菜叶，将菜梗切成粗丝。
❷ 洗净的红椒切开，去籽，切成细丝。
❸ 取一个大碗，放入菜梗、菜叶。
❹ 加入盐，搅拌均匀，腌渍30分钟。
❺ 用油起锅，倒入花椒，爆香。
❻ 将花椒捞出。
❼ 再倒入姜丝，翻炒均匀，放入红椒丝。
❽ 将材料翻炒片刻，关火后盛出炒好的材料，装入碗中，待用。
❾ 锅底留油烧热，加入陈醋、白糖，快速炒匀。
❿ 待白糖完全溶化，倒出汁水，装入碗中，待用。
⓫ 取出腌好的白菜，再注入少许凉开水，洗去多余的盐分。
⓬ 沥去多余的水分，装入碗中。
⓭ 再倒入调好的汁水，搅拌均匀。
⓮ 撒上炒好的红椒丝和姜丝，拌至食材入味，盛入盘中，摆好即可。

白菜梗拌胡萝卜丝

◉难易度：★★☆ ◉功效：降压降糖

材料

白菜梗120克，胡萝卜200克，青椒35克，蒜末、葱花各少许

调料

盐3克，鸡粉2克，生抽3毫升，陈醋6毫升，芝麻油适量

做法

❶ 洗净的白菜梗切段，改切成粗丝。
❷ 洗好去皮的胡萝卜切段，再切成片，改切成细丝。
❸ 洗净的青椒切开，去籽，改成丝。
❹ 把切好的食材装在盘中，待用。
❺ 锅中注入注水烧开，加入少许盐。
❻ 倒入胡萝卜丝，搅匀，煮约1分钟。
❼ 放入切好的白菜梗、青椒，拌匀搅散，再煮约半分钟。
❽ 煮至全部食材断生后捞出，沥干水分，待用。
❾ 把煮好的食材装入碗中，加入盐、鸡粉。
❿ 淋入生抽、陈醋，倒入芝麻油。
⓫ 撒上蒜末、葱花，搅拌一会儿，至食材入味。
⓬ 取一个干净的盘子，盛入拌好的菜肴即成。

跟着做不会错：焯食材时，可以放入少许食用油，能使食材更爽口。

紫菜凉拌白菜心

◉难易度：★☆☆　◉功效：降低血压

材料

大白菜200克，水发紫菜70克，熟芝麻10克，蒜末、姜末、葱花各少许

调料

盐3克，白糖3克，陈醋5毫升，芝麻油2毫升，鸡粉、食用油各适量

做法

❶ 洗净的大白菜切成丝。
❷ 用油起锅，爆香蒜末、姜末，盛出，待用。
❸ 锅中注水烧开，放入1克盐，倒入大白菜略煮片刻。
❹ 倒入洗好的紫菜，煮至沸，捞出全部食材。
❺ 将捞出的食材装碗，倒入炒好的蒜末、姜末。
❻ 放入所有调料，倒入葱花，拌匀。
❼ 搅拌使食材入味，装入碗中，撒上熟芝麻即可。

芝麻酱拌油麦菜

◉难易度：★☆☆ ◉功效：降低血压

材料

油麦菜240克，芝麻酱35克，熟芝麻5克，枸杞、蒜末各少许

调料

盐2克，鸡粉2克，食用油适量

做法

❶ 将洗净的油麦菜切成段，装入盘中，待用。
❷ 锅中注水烧开，加入食用油，放入油麦菜，煮熟软后捞出，放入碗中。
❸ 油麦菜碗中，加蒜末、熟芝麻、芝麻酱拌匀。
❹ 再加盐、鸡粉，快速搅拌至食材入味。
❺ 装盘，撒上洗净的枸杞，摆好盘即成。

芝麻洋葱拌菠菜

◉难易度：★☆☆　◉功效：降低血压

材料

菠菜200克，洋葱60克，白芝麻20克，蒜末少许

调料

盐2克，白糖3克，生抽4毫升，凉拌醋4毫升，芝麻油3毫升，食用油适量

做法

❶ 去皮洗净的洋葱切成丝；洗净的菠菜切成段。
❷ 锅中加水，加入食用油、菠菜，煮半分钟。
❸ 倒入洋葱丝，搅匀，再煮半分钟。
❹ 捞出煮好的食材，沥干水分。
❺ 将煮好的菠菜、洋葱装入碗中，加入盐、白糖、生抽、凉拌醋。
❻ 倒入蒜末，淋入芝麻油，用筷子拌匀。
❼ 撒上白芝麻，搅拌均匀，装入盘中即可。

菠菜拌魔芋

◉难易度：★☆☆ ◉功效：降低血压

材料

魔芋200克，菠菜180克，枸杞15克，熟芝麻、蒜末各少许

调料

盐3克，鸡粉2克，生抽5毫升，芝麻油、食用油各适量

做法

❶ 将洗净的魔芋切成小方块；菠菜切去根部，切成段。

❷ 锅中注水烧开，加入1克盐、1克鸡粉。

❸ 倒入魔芋煮1分钟，捞出待用。

❹ 锅中加油，倒入菠菜，搅匀。

❺ 煮1分钟捞出，待用。

❻ 取一个干净的碗，倒入煮熟的魔芋块，放入菠菜。

❼ 再倒入枸杞，撒上蒜末。

❽ 加盐、鸡粉、生抽、芝麻油。

❾ 搅拌入味，盛入干净的盘子，撒上熟芝麻即成。

菠菜拌粉丝

◉难易度：★☆☆　◉功效：降压降糖

材料

菠菜130克，红椒15克，水发粉丝70克，蒜末少许

调料

盐2克，鸡粉2克，生抽4毫升，芝麻油2毫升，食用油适量

做法

❶ 洗净的菠菜、粉丝切段；洗净的红椒切丝。

❷ 锅中注水烧开，加油，倒入粉丝煮片刻，捞出。

❸ 把菠菜倒入锅中，煮1分钟，放入红椒丝煮。

❹ 把煮好的菠菜和红椒捞出，放入干净的碗中。

❺ 放入粉丝、蒜末，倒入盐、鸡粉、生抽、芝麻油，拌匀，装盘即可。

枸杞拌菠菜

◉难易度：★☆☆ ◉功效：降低血压

材料

菠菜230克，枸杞20克，蒜末少许

调料

盐2克，鸡粉2克，蚝油10克，芝麻油3毫升，食用油适量

做法

❶ 处理好的菠菜切成段，备用。
❷ 锅中注水烧开，淋入食用油，倒入洗好的枸杞，焯片刻。
❸ 捞出焯好的枸杞，待用。
❹ 菠菜倒入沸水锅中，焯1分钟。
❺ 捞出焯好的菠菜，备用。
❻ 把菠菜装碗，加蒜末、枸杞。
❼ 加入盐、鸡粉、蚝油、芝麻油。
❽ 用筷子搅拌至食材入味。
❾ 盛出拌好的菜肴，装盘即可。

凉拌莴笋

◉难易度：★★☆　◉功效：降低血压

材料

莴笋100克，胡萝卜90克，黄豆芽90克，蒜末少许

调料

盐3克，鸡粉少许，白糖2克，生抽4毫升，陈醋7毫升，芝麻油、食用油各适量

做法

❶ 将洗净去皮的胡萝卜切成细丝。
❷ 洗好去皮的莴笋切成丝。
❸ 锅中注入适量水烧开，加入1克盐、食用油。
❹ 倒入胡萝卜丝、莴笋丝，煮1分钟。
❺ 再放入洗净的黄豆芽，搅拌几下，煮约半分钟。
❻ 煮至锅中食材熟透后捞出，沥干水分，待用。
❼ 再将煮好的食材装入碗中，撒上蒜末。
❽ 加入盐、鸡粉、白糖。
❾ 淋入生抽、陈醋。
❿ 再注入芝麻油。
⓫ 搅拌一会儿，至食材入味。
⓬ 取一个干净的盘子，盛入拌好的菜肴，摆好盘即成。

Tips

跟着做不会错：黄豆芽比较脆嫩，焯的时间不宜过长，以免破坏其口感。

老醋土豆丝

◉难易度：★☆☆　◉功效：降低血压

材料

土豆200克，水发木耳40克，彩椒50克，蒜末、葱花各少许

调料

盐2克，鸡粉2克，白糖4克，陈醋7毫升，芝麻油2毫升

做法

❶ 处理好的土豆、彩椒、木耳均切成丝。
❷ 锅中注水烧开，放入木耳丝，煮至沸。
❸ 倒入切好的彩椒、土豆，搅匀，煮1分钟。
❹ 将焯好的食材捞出，沥干水分，装入碗中。
❺ 加入蒜末、部分葱花，放入所有调料。
❻ 搅拌均匀，使食材入味。
❼ 盛出拌好的食材，装碗，撒上剩余葱花即可。

醋拌芹菜

◉难易度：★☆☆ ◉功效：开胃消食

材料

芹菜梗200克，彩椒10克，芹菜叶25克，熟白芝麻少许

调料

盐2克，白糖3克，陈醋15毫升，芝麻油10毫升

做法

❶ 处理好的彩椒切成细丝。
❷ 洗好的芹菜梗切成段，待用。
❸ 锅中注水烧开，倒入芹菜梗。
❹ 略煮一会儿，放入彩椒，煮至食材断生。
❺ 捞出煮好的食材，沥干水分，待用。
❻ 将煮好的食材倒入碗中，放入芹菜叶，搅拌匀。
❼ 加入所有调料。
❽ 倒入熟白芝麻，搅拌入味。
❾ 盛出菜肴，装入盘中即可。

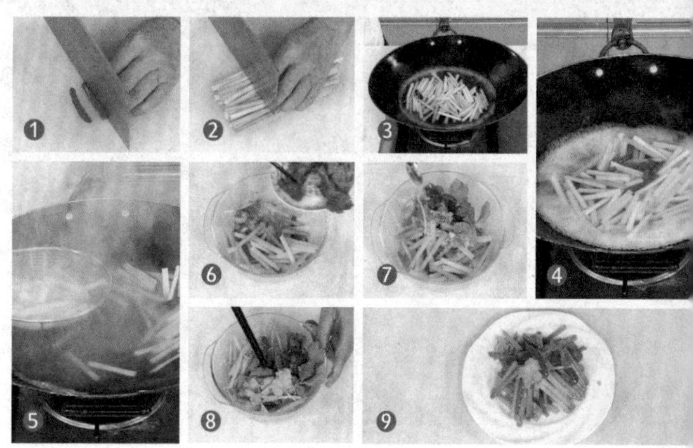

跟着做不会错：花生米和腰果煮后要沥干水分，以免炸的时候溅油。

果仁凉拌西葫芦

◉难易度：★★☆ ◉功效：养心润肺

材料

花生米100克，腰果80克，西葫芦400克，蒜末、葱花各少许

调料

盐4克，鸡粉3克，生抽4毫升，芝麻油2毫升，食用油适量

做法

❶ 将洗净的西葫芦对半切开，再切成片。
❷ 锅中注入适量水烧开，加1克盐，倒入西葫芦，拌匀，倒入少许食用油，煮1分钟至熟。
❸ 捞出煮好的西葫芦，沥干水分，备用。
❹ 将花生米、腰果倒入沸水锅中，煮大约半分钟。
❺ 捞出煮好的花生米、腰果，沥干水分，装盘，待用。
❻ 热锅注油，烧至四成热，放入花生米、腰果，炸1分30秒，至散出香味。
❼ 捞出炸好的花生米和腰果，备用。
❽ 把煮好的西葫芦倒入碗中，加入盐、鸡粉、生抽。
❾ 放入蒜末、葱花，拌匀。
❿ 加入芝麻油，拌匀。
⓫ 倒入炸好的花生米和腰果，搅拌匀。
⓬ 盛出拌好的菜肴，装入盘中即可。

香麻藕片

◉难易度：★★☆ ◉功效：健脾止泻

材料

莲藕150克，彩椒20克，花椒适量，姜丝、葱丝各少许

调料

盐2克，鸡粉2克，白醋12毫升，食用油适量

做法

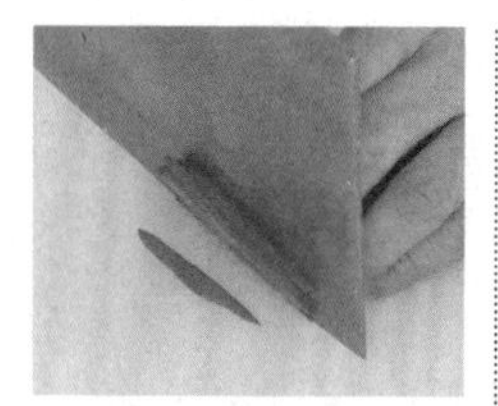

❶ 洗净的彩椒切开，再切细丝。

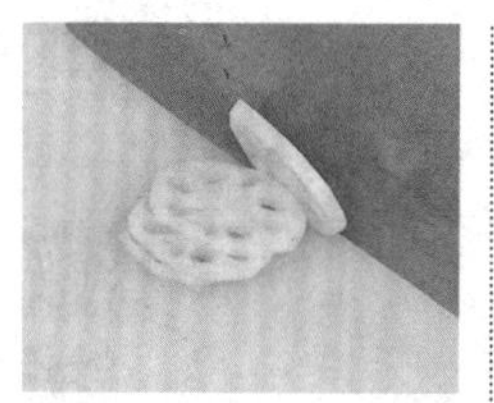

❷ 洗好去皮的莲藕切薄片，备用。

❸ 将锅置于火上，再注入适量水，用大火烧开。

❹ 倒入藕片，拌匀，用中火煮约2分钟。

❺ 至食材断生后，捞出材料，沥干水分，待用。

❻ 用油起锅，放入备好的花椒，炸出香味。

❼ 撒上姜丝，炒匀，淋入白醋，加入盐、鸡粉。

❽ 拌匀，用大火略煮，放入彩椒丝，拌匀，撒上葱丝。

❾ 拌匀，煮至食材断生，制成味汁，关火待用。

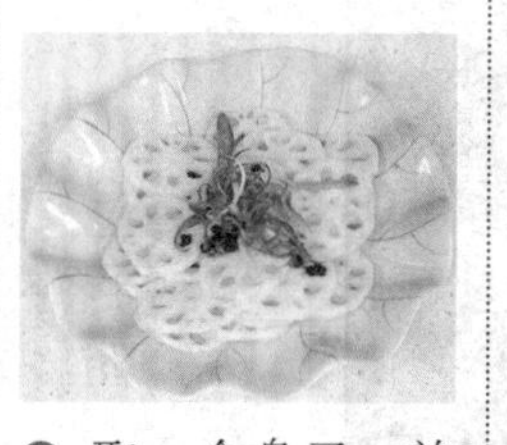

❿ 取一个盘子，放入藕片，再浇上味汁即可。

Tips

跟着做不会错：煮藕片时可以淋入少许白醋，这样能减轻其涩味。

凉拌竹笋尖

◉难易度：★☆☆ ◉功效：开胃消食

材料

竹笋129克，红椒25克

调料

盐2克，白醋5毫升，鸡粉、白糖各少许

做法

❶ 去皮洗好的竹笋切成小块。

❷ 洗净的红椒切开，去籽，切成丝，备用。

❸ 锅中注入适量水烧开。

❹ 倒入竹笋，煮至变软。

❺ 放入红椒，煮至食材断生。

❻ 捞出焯好的食材，沥干水分，待用。

❼ 将焯好水的食材装入碗中，加入盐、鸡粉。

❽ 再放白糖、白醋，搅拌入味。

❾ 将拌好的菜肴装入盘中即可。

糖醋樱桃萝卜

◉难易度：★☆☆　◉功效：降低血压

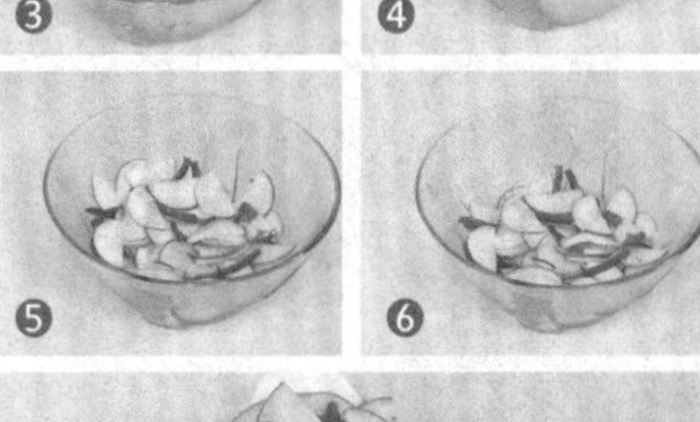

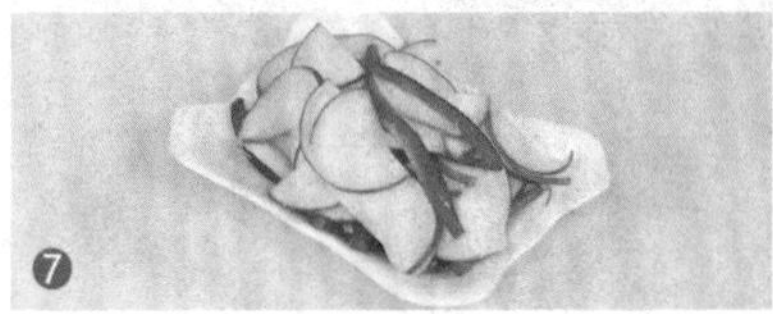

材料

樱桃萝卜300克，彩椒丝40克

调料

盐3克，米醋150毫升，白糖20克

做法

❶ 将洗净的樱桃萝卜切成片，装入碗中。

❷ 加入盐，搅拌匀，腌渍约15分钟，去除涩味，待用。

❸ 取来腌渍好的萝卜片，注入适量水，清洗一遍，沥干水分后装碗。

❹ 倒入米醋，搅拌匀，放入彩椒丝，加入白糖。

❺ 快速搅拌匀，至白糖溶化。

❻ 再静置约30分钟，至萝卜片入味。

❼ 盛出腌好的萝卜片装盘，摆好即成。

芝麻油萝卜

◉难易度：★☆☆ ◉功效：增强免疫力

材料

白萝卜300克，红椒35克，蒜瓣25克，话梅汤180毫升

调料

盐2克，鸡粉2克，白醋12毫升，白糖4克，芝麻油适量

做法

❶ 洗净去皮的白萝卜切段，再切厚片，改切成条。
❷ 将洗好的红椒切开，去籽，再切粗丝，待用。
❸ 去皮洗净的蒜瓣切成小块，待用。
❹ 取一个大碗，倒入白萝卜。
❺ 加入白醋，搅拌匀，腌渍10分钟。
❻ 再倒入少许水，将多余的酸味洗去一些。
❼ 将水倒出，沥干水分，待用。
❽ 碗中再放入蒜瓣、红椒。
❾ 加入盐、鸡粉，倒入话梅汤，搅拌均匀。
❿ 加入白糖，搅拌至其溶化入味。
⓫ 将碗置于阴凉通风处，腌渍约1天。
⓬ 取出腌好的食材，装入盘中，淋上芝麻油即可。

Tips

跟着做不会错：淋上芝麻油后可以静置一会儿再食用，能更入味。

醋拌莴笋萝卜丝

◉难易度：★☆☆　◉功效：降压降糖

材料

莴笋140克，白萝卜200克，蒜末、葱花各少许

调料

盐3克，鸡粉2克，陈醋5毫升，食用油适量

做法

❶ 洗好的白萝卜、莴笋均去皮，切成细丝。

❷ 锅中注水烧开，放入1克盐、食用油，倒入白萝卜丝、莴笋丝，搅匀，煮至食材熟软后捞出，沥干水分，待用。

❸ 将煮好的食材放在碗中，撒上蒜末、葱花。

❹ 加入盐、鸡粉、陈醋，拌至入味。

❺ 取一个干净的盘子装入菜肴，摆好即成。

辣拌萝卜干

◉难易度：★☆☆ ◉功效：开胃消食

材料

萝卜干250克

调料

剁椒、辣椒油各适量

做法

❶ 将洗净的萝卜干切成细丁，装在盘中备用。
❷ 锅中注入适量水烧热。
❸ 倒入萝卜干，煮约2分钟，去除多余的盐分。
❹ 把煮好的萝卜干捞出，沥干水分备用。
❺ 接着先将萝卜干放入碗中，再倒入剁椒。
❻ 淋入适量辣椒油。
❼ 拌至入味，盛入盘中即可。

跟着做不会错：萝卜干入锅煮的时间不能太久，否则就失去了萝卜干爽脆的特点。

拍黄瓜

◉难易度：★☆☆ ◉功效：降压降糖

材料

黄瓜350克，红椒20克，苦菊、蒜末、葱花各少许

调料

盐3克，陈醋8毫升，鸡粉2克，生抽、芝麻油各少许

做法

❶ 将洗净的红椒切成圈。
❷ 洗好的黄瓜拍破，切成段。
❸ 黄瓜装入碗中，加入红椒圈、洗好的苦菊。
❹ 倒入蒜末，加入盐、鸡粉。
❺ 再倒入陈醋。
❻ 放入葱花、生抽拌匀。
❼ 加芝麻油。
❽ 用筷子充分拌匀。
❾ 将拌好的菜肴盛入盘中即可。

川辣黄瓜

◉难易度：★☆☆　◉功效：清热解毒

材料

黄瓜175克，红椒圈10克，干辣椒、花椒各少许

调料

鸡粉2克，盐2克，生抽4毫升，白糖2克，陈醋5毫升，辣椒油10毫升，食用油适量

做法

❶ 将洗净的黄瓜切段，切成细条形，去除瓜瓤。

❷ 用油起锅，倒入干辣椒、花椒，爆香。

❸ 盛出热油，滤入小碗中，待用。

❹ 取一个小碗，放入鸡粉、盐、生抽、白糖、陈醋、辣椒油、热油，拌匀。

❺ 放入红椒圈，拌匀，制成味汁。

❻ 将黄瓜条放入盘中，摆放整齐。

❼ 把味汁浇在黄瓜上即可。

蓑衣黄瓜

◉难易度：★☆☆　◉功效：降低血脂

材料

黄瓜1根，蒜蓉5克，香菜末5克，葱末5克，红椒末5克

调料

盐3克，白糖2克，陈醋6毫升，芝麻油5毫升

做法

❶ 黄瓜用开水淋洗片刻，沥干水分。
❷ 将黄瓜的表面修平。
❸ 切上蓑衣刀花。
❹ 放入盘中，摆成圆形。
❺ 将陈醋倒入装有蒜蓉、香菜末、葱末、红椒末的小碟中。
❻ 加入盐、白糖、芝麻油，拌匀成味汁。
❼ 将拌好的味汁淋在黄瓜上，摆好盘即成。

梅汁苦瓜

◉难易度：★☆☆ ◉功效：降低血压

材料

苦瓜180克，酸梅酱50克

调料

盐3克

做法

1. 洗好的苦瓜对半切开，去籽，切成段，再切成条。
2. 锅中注水烧开，放入1克盐。
3. 倒入切好的苦瓜，煮1分钟，至其断生。
4. 捞出煮好的苦瓜，沥干水分，备用。
5. 把煮好的苦瓜倒入碗中，加入2克盐。
6. 将碗中食材搅拌片刻。
7. 倒入酸梅酱。
8. 搅拌至食材入味。
9. 盛出，装入盘中即可。

蜜汁苦瓜

◉难易度：★☆☆ ◉功效：降低血压

材料

苦瓜130克

调料

凉拌醋适量，蜂蜜40毫升

做法

❶ 将洗净的苦瓜切开，去除瓜瓤。

❷ 用斜刀切成片。

❸ 锅中注入适量水烧开。

❹ 倒入切好的苦瓜，搅拌片刻，再煮约1分钟。

❺ 至食材熟软后捞出，沥干水分，待用。

❻ 将煮好的苦瓜装入碗中，倒入备好的蜂蜜，再淋入适量凉拌醋。

❼ 搅拌一会儿，至食材入味，盛出，装盘即可。

凉拌豌豆苗

◉难易度：★☆☆ ◉功效：降低血压

材料

豌豆苗200克，彩椒40克，枸杞10克，蒜末少许

调料

盐2克，鸡粉2克，芝麻油2毫升，食用油适量

做法

❶ 洗好的彩椒切成丝，备用。
❷ 锅中注水烧开，放入食用油。
❸ 加入洗净的枸杞，放入洗好的豌豆苗，煮半分钟至断生。
❹ 把煮好的枸杞和豌豆苗捞出，沥干水分。
❺ 将煮好的食材装入碗中。
❻ 放入蒜末，加入彩椒丝。
❼ 放入盐、鸡粉、芝麻油。
❽ 用筷子搅拌匀。
❾ 盛出菜肴，装入盘中即可。

海带拌豆苗

◉难易度：★☆☆ ◉功效：降低血压

材料

海带70克，枸杞10克，豌豆苗100克，蒜末少许

调料

盐2克，鸡粉2克，陈醋6毫升，蒸鱼豉油8毫升，芝麻油2毫升，食用油适量

做法

❶ 洗好的海带切成丝。
❷ 锅中注水烧开，放入海带丝。
❸ 加入食用油、1克盐，搅拌匀。
❹ 再加入洗净的豌豆苗，略煮一会儿。
❺ 倒入枸杞，略煮一会儿。
❻ 捞出食材，装入碗中，备用。
❼ 碗中放入蒜末，加鸡粉、盐。
❽ 淋入蒸鱼豉油、陈醋、芝麻油。
❾ 搅拌入味，装入盘中即可。

麻香豆角

◉难易度：★☆☆　◉功效：益气补血

材料

豆角200克，蒜末少许

调料

盐2克，芝麻酱4克，鸡粉2克，芝麻油5毫升

做法

1. 洗好的豆角切长段。
2. 锅中注水烧开，放入豆角，加入1克盐。
3. 煮至断生，捞出豆角，沥干水分，备用。
4. 取一个大碗，倒入豆角、蒜末。
5. 放入芝麻酱，加入盐、鸡粉、芝麻油，拌至食材入味，盛入盘中即可。

豆芽拌洋葱

◉难易度：★☆☆ ◉功效：清热解毒

材料

黄豆芽100克，洋葱90克，胡萝卜40克，蒜末、葱花各少许

调料

盐2克，鸡粉2克，生抽4毫升，陈醋3毫升，辣椒油、芝麻油各适量

做法

1. 将洗净的洋葱切成丝。
2. 去皮洗好的胡萝卜切成丝。
3. 锅中注水烧开，放入黄豆芽、胡萝卜，煮1分钟，至其断生。
4. 再放入洋葱，煮半分钟。
5. 把食材捞出，装入碗中。
6. 放入蒜末、葱花，倒入生抽。
7. 再加入备好的盐、鸡粉、陈醋、辣椒油。
8. 再淋入芝麻油，拌匀。
9. 盛出，装入盘中即可。

凉拌黄豆芽

◉难易度：★☆☆ ◉功效：降低血压

材料

黄豆芽100克，芹菜80克，胡萝卜90克，白芝麻、蒜末各少许

调料

盐4克，鸡粉2克，白糖4克，芝麻油2毫升，陈醋、食用油各适量

做法

❶ 洗净去皮的胡萝卜切成丝。
❷ 择洗干净的芹菜切成段。
❸ 锅中注水烧开，放入1克盐，淋入油，倒入胡萝卜，煮半分钟。
❹ 放入洗净的黄豆芽，倒入芹菜段，搅拌均匀，再煮半分钟。
❺ 把食材捞出，装入碗中。
❻ 加入盐、鸡粉。
❼ 撒入备好的蒜末，白糖、陈醋、芝麻油，搅拌均匀入味。
❽ 装入盘中，撒上白芝麻即可。

黄瓜拌绿豆芽

◉难易度：★☆☆ ◉功效：清热解毒

材料

黄瓜200克，绿豆芽80克，红椒15克，蒜末、葱花各少许

调料

盐2克，鸡粉2克，陈醋4毫升，芝麻油、食用油各适量

做法

❶ 将洗净的黄瓜切成丝。
❷ 红椒切开，去籽，切成丝。
❸ 锅中注水烧开，加入食用油，放入绿豆芽、红椒，煮至熟。
❹ 捞出食材，装入碗中。
❺ 再放入切好的黄瓜丝。
❻ 加盐、鸡粉，放蒜末、葱花。
❼ 倒入陈醋，用筷子拌至入味。
❽ 淋入芝麻油，把碗中的食材搅拌匀。
❾ 将拌好的菜肴装入盘中即成。

海带拌彩椒

◉难易度：★☆☆　◉功效：增强免疫力

材料

海带150克，彩椒100克，蒜末、葱花各少许

调料

盐3克，鸡粉2克，生抽、陈醋、芝麻油、食用油各适量

做法

❶ 洗净的海带、彩椒均切成丝。
❷ 锅中注水烧开，加1克盐、食用油，放入彩椒、海带，拌匀，煮约1分钟至熟。
❸ 捞出食材，放入碗中，倒入蒜末、葱花。
❹ 加入生抽、盐、鸡粉、陈醋。
❺ 淋入芝麻油，拌匀调味，装入碗中即成。

海带丝拌菠菜

◉难易度：★☆☆　◉功效：降低血压

材料

海带丝230克，菠菜85克，熟白芝麻15克，胡萝卜25克，蒜末少许

调料

盐2克，鸡粉2克，生抽4毫升，芝麻油6毫升，食用油适量

做法

❶ 洗好的海带丝切成段，待用。

❷ 洗净去皮的胡萝卜切成片，再切成细丝。

❸ 锅中注入适量注水烧开，倒入海带，搅匀。

❹ 再放入胡萝卜，搅匀，淋上少许食用油，搅拌匀，煮至断生。

❺ 将煮好的食材捞出，沥干水分，待用。

❻ 另起锅，注入适量水烧开，倒入菠菜，搅匀。

❼ 加入少许食用油，煮至断生。

❽ 将煮好的菠菜捞出，待用。

❾ 取一个大碗，倒入海带、胡萝卜、菠菜，拌匀。

❿ 撒上蒜末，加入盐、鸡粉，淋入生抽、芝麻油。

⓫ 撒上熟白芝麻，搅拌均匀。

⓬ 将拌好的菜肴盛入盘中即可。

跟着做不会错：海带泡发后可多清洗几次，以洗去多余的盐分。

跟着做不会错：海带切丝后可再清洗一遍，能减少其所含的杂质，改善菜肴的口感。

黄花菜拌海带丝

◉难易度：★☆☆　◉功效：降低血压

材料

水发黄花菜100克，水发海带80克，彩椒50克，蒜末、葱花各少许

调料

盐3克，鸡粉2克，生抽4毫升，白醋5毫升，陈醋8毫升，芝麻油少许

做法

❶ 将洗净的彩椒切粗丝。

❷ 洗净的海带切块，再切成细丝，备用。

❸ 锅中注入适量水烧开，淋上白醋。

❹ 倒入海带丝，搅拌匀，略煮一会儿，再倒入洗净的黄花菜。

❺ 搅拌匀，加入1克盐，略微搅拌一下。

❻ 放入彩椒丝，用大火续煮一会儿。

❼ 至食材熟透后捞出，沥干水分，待用。

❽ 把煮熟的食材装碗，撒上蒜末、葱花。

❾ 加入盐、鸡粉。

❿ 淋入生抽、芝麻油、陈醋。

⓫ 搅拌至食材入味。

⓬ 取一个干净的盘子，盛入拌好的菜肴，摆好盘即成。

芝麻双丝海带

◉难易度：★☆☆ ◉功效：增强免疫力

材料

水发海带85克，青椒45克，红椒25克，姜丝、葱丝、熟白芝麻各少许

调料

盐、鸡粉各2克，生抽4毫升，陈醋7毫升，辣椒油6毫升，芝麻油5毫升

做法

❶ 洗好的红椒、青椒、海带均切细丝。

❷ 锅中注水烧开，倒入海带拌匀，焯至断生。

❸ 放入青椒、红椒，拌匀，略焯片刻。

❹ 捞出材料，装入大碗，待用。

❺ 倒入焯过水的材料，放入姜丝、葱丝，拌匀。

❻ 加入所有调料，拌匀。

❼ 撒上熟白芝麻，快速拌匀，盛入盘中即可。

芹菜拌海带丝

◉难易度：★☆☆　◉功效：降低血压

材料

水发海带100克，芹菜梗85克，胡萝卜35克

调料

盐3克，芝麻油5毫升，凉拌醋10毫升，食用油少许

做法

1. 洗好的芹菜梗切段；胡萝卜、海带均切成丝。
2. 锅中注水烧开，加入1克盐、食用油，倒入海带丝、胡萝卜丝，拌匀，煮约1分钟。
3. 再倒入芹菜梗，煮熟捞出，装入碗中备用。
4. 加入盐，倒入凉拌醋。
5. 再淋入芝麻油，搅拌入味，盛入盘中即可。

老醋黑木耳拌菠菜

◉难易度：★☆☆　◉功效：降低血压

材料

水发黑木耳40克，菠菜90克，水发花生米90克，蒜末少许

调料

盐3克，鸡粉2克，白糖3克，陈醋6毫升，芝麻油2毫升，食用油适量

做法

1. 洗净的菠菜切去根部，再切成段。
2. 洗好的黑木耳切小块。
3. 锅中注入适量水烧开，倒入花生米，加入1克盐，搅拌几下。
4. 盖上盖，烧开后用小火煮15分钟，至花生米熟透。
5. 揭开盖，捞出煮好的花生米备用。
6. 另起锅，煮入适量注水烧开，放入1克盐，淋入食用油。
7. 倒入黑木耳，搅散，煮半分钟。
8. 放入菠菜，搅拌匀，再煮半分钟，至其断生。
9. 捞出焯好的黑木耳和菠菜，沥干水分，待用。
10. 木耳和菠菜装入碗中，放入花生米。
11. 加入盐、鸡粉、白糖，淋入陈醋、芝麻油。
12. 放入蒜末，拌至入味，装盘即可。

跟着做不会错：放入蒜末不仅可以丰富菜的味道，还可以起到杀菌的作用。

蒜泥黑木耳

◉难易度：★☆☆ ◉功效：降低血压

材料

水发黑木耳60克，胡萝卜80克，蒜蓉、葱花各少许

调料

盐3克，鸡粉3克，白糖3克，生抽4毫升，芝麻油2毫升，食用油适量

做法

❶ 洗净去皮的胡萝卜切成片。
❷ 洗好的黑木耳切成小块。
❸ 锅中注水烧开，放入1克盐、1克鸡粉，淋食用油。
❹ 倒入黑木耳，搅散，煮至沸。
❺ 加入胡萝卜片，煮熟透。
❻ 捞出黑木耳和胡萝卜，待用。
❼ 放入盐、鸡粉、白糖。
❽ 倒入蒜蓉、葱花，淋入生抽、芝麻油。
❾ 拌至入味，装入盘中即可。

木耳拌豆角

◉难易度：★☆☆ ◉功效：养心润肺

材料

水发木耳40克，豆角100克，蒜末、葱花各少许

调料

盐3克，鸡粉2克，生抽4毫升，陈醋6毫升，芝麻油、食用油各适量

做法

❶ 将洗净的豆角、木耳切段。

❷ 锅中注水烧开，加1克盐、1克鸡粉。

❸ 倒入豆角，加油，煮半分钟。

❹ 再放入木耳，煮约1分30秒。

❺ 煮至食材断生后捞出，装在碗中，备用。

❻ 撒上蒜末、葱花。

❼ 加入盐、鸡粉、生抽、陈醋。

❽ 再倒入芝麻油，搅拌一会儿，至菜肴入味。

❾ 将食材盛入盘子即成。

跟着做不会错：食材煮的时间不宜过长，以免影响成品的鲜嫩口感。

金针菇拌黄瓜

◉难易度：★★☆　◉功效：降压降糖

材料

金针菇110克，黄瓜90克，胡萝卜40克，蒜末、葱花各少许

调料

盐3克，食用油2毫升，陈醋3毫升，生抽5毫升，鸡粉、辣椒油、芝麻油各适量

做法

❶ 将洗净的黄瓜切片，改切成丝。
❷ 将去皮洗好的胡萝卜切薄片。
❸ 把胡萝卜片改切成丝。
❹ 洗好的金针菇切去根部。
❺ 将锅中注水，用大火烧开，放入食用油，加2克盐。
❻ 倒入胡萝卜，搅匀，煮半分钟。
❼ 然后再放入金针菇，搅匀，煮1分钟，至食材熟透。
❽ 把煮好的金针菇和胡萝卜捞出。
❾ 将黄瓜丝倒入碗中，放入盐，拌匀。
❿ 倒入金针菇、胡萝卜。
⓫ 放入少许蒜末、葱花。
⓬ 加入鸡粉、陈醋、生抽。
⓭ 淋入辣椒油、芝麻油，拌匀。
⓮ 将拌好的菜肴装入盘中即可。

金针菇拌粉丝

◉难易度：★★☆　◉功效：降低血压

材料

金针菇100克，胡萝卜100克，水发粉丝100克，香菜15克，蒜末少许

调料

盐3克，生抽4毫升，陈醋8毫升，芝麻油、食用油各适量

做法

❶ 将洗净的金针菇切去根部。
❷ 洗好去皮的胡萝卜切成细丝。
❸ 洗净的粉丝切成段。
❹ 洗好的香菜切成段，备用。
❺ 锅中注入适量水烧开，加入1克盐，淋食用油。
❻ 倒入胡萝卜丝，搅拌匀，放入切好的金针菇，搅拌匀。
❼ 煮约1分钟，再倒入切好的粉丝，略煮一会儿。
❽ 煮至食材熟软后捞出，沥干水分，待用。
❾ 把食材装入碗中，撒上蒜末。
❿ 加入盐，淋入生抽、陈醋，倒入芝麻油，搅拌匀。
⓫ 再撒上切好的香菜，快速搅拌匀，至食材入味。
⓬ 取一个干净的盘子，盛入拌好的菜肴，摆好盘即成。

跟着做不会错：泡发粉丝的时间最好长一些，这样可以缩短煮的时间。

香辣米凉粉

◉难易度：★☆☆　◉功效：开胃消食

材料

米凉粉350克，蒜末、葱花各少许

调料

盐、鸡粉各2克，白糖、胡椒粉各少许，生抽6毫升，花椒油7毫升，陈醋15毫升，芝麻油、辣椒油各适量

做法

❶ 将洗净的米凉粉切片，再切粗丝。
❷ 取一小碗，撒上蒜末，加入盐、鸡粉、白糖。
❸ 淋入生抽，撒上少许胡椒粉，注入适量芝麻油。
❹ 再加入花椒油、陈醋、辣椒油。
❺ 搅拌一会儿，制成味汁，待用。
❻ 取一盘，放入切好的米凉粉，浇上味汁。
❼ 撒上葱花，即可食用。

油盐豆腐

◉难易度：★☆☆ ◉功效：增强免疫力

材料

嫩豆腐270克，花椒10克，白芝麻、彩椒粒、香菜各少许

调料

盐2克，白糖3克，鸡粉1克，芝麻油3毫升，食用油适量

做法

❶ 洗好的嫩豆腐切成小方块。
❷ 锅中注水烧开，倒入豆腐块，煮约半分钟，捞出装盘。
❸ 豆腐上撒盐，腌5分钟，待用。
❹ 所有调料（油除外），调成味汁。
❺ 锅放油，放花椒，炸出香味。
❻ 关火后捞出花椒，留油待用。
❼ 味汁浇豆腐上，撒上白芝麻，浇热油，放上彩椒粒、香菜即成。

跟着做不会错：豆腐可先用淡盐水浸泡一会儿，这样就不容易煮碎了。

小葱拌豆腐

◉难易度：★☆☆ ◉功效：开胃消食

材料

豆腐300克，蒜末、葱花各少许

调料

盐3克，生抽7毫升，鸡粉、辣椒油、芝麻油各适量

做法

❶ 将洗净的豆腐切成方块。

❷ 把切好的豆腐块装入盘中。

❸ 再取一个干净的碗，放入适量鸡粉。

❹ 加入生抽、盐。

❺ 再加入少许开水，拌匀。

❻ 将调好的味汁淋在豆腐块上。

❼ 把豆腐块放入蒸锅，加盖，大火蒸8分钟。

❽ 揭盖，将蒸好的豆腐块取出，撒入葱花和蒜末。

❾ 淋入适量辣椒油，再淋入适量芝麻油即成。

芹菜拌豆腐干

◉难易度：★☆☆ ◉功效：降低血压

材料

芹菜85克，豆腐干100克，彩椒80克，蒜末少许

调料

盐3克，鸡粉2克，生抽4毫升，芝麻油2毫升，陈醋5毫升，食用油适量

做法

1. 洗好的豆腐干、彩椒均切条；芹菜洗净，切成段。
2. 锅中注水烧开，放入1克盐、食用油，倒入豆腐干，搅拌匀，煮至沸。
3. 放入芹菜、彩椒，拌匀，略煮片刻。
4. 捞出煮好的食材，沥干水分。
5. 将煮过水的食材装入碗中，放入蒜末。
6. 加入鸡粉、盐、生抽、芝麻油，拌匀调味。
7. 淋入陈醋，继续搅拌片刻，装入盘中即可。

紫甘蓝拌豆腐丝

◉难易度：★★☆　◉功效：抗癌防癌

材料

紫甘蓝150克，水发豆腐皮200克，蒜末、葱花各少许

调料

盐4克，鸡粉2克，辣椒油5毫升，陈醋4毫升

跟着做不会错：紫甘蓝入锅焯水的时间不宜过长，以免过熟而影响其脆嫩的口感。

做法

❶ 将洗净的紫甘蓝切成丝。
❷ 把豆腐皮切成丝。
❸ 将锅中加入适量水烧开，加入少许盐。
❹ 放入豆腐皮，焯约半分钟至熟。
❺ 把焯过水的豆腐皮捞出备用。
❻ 再把紫甘蓝放入沸水锅中，焯约1分钟至熟。
❼ 把焯过水的紫甘蓝捞出。
❽ 取一大碗，放入紫甘蓝和豆腐皮。
❾ 倒入少许蒜末。
❿ 淋入辣椒油、陈醋。
⓫ 加入盐、鸡粉。
⓬ 撒入少许葱花。
⓭ 再将碗中食材与调料充分拌匀。
⓮ 把拌好的菜肴装入盘中即可。

跟着做不会错：豆腐干焯的时间不宜过长，以免影响其口感。

金针菇拌豆腐干

◉难易度：★★☆　◉功效：增强免疫力

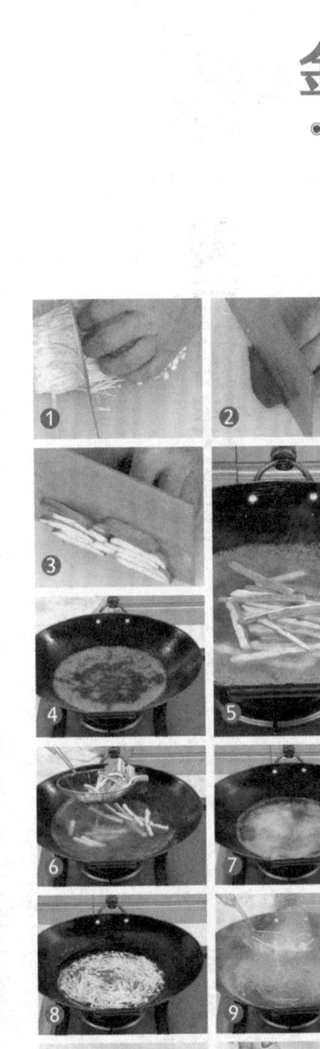

材料

金针菇85克，豆腐干165克，彩椒20克，蒜末少许

调料

盐2克，鸡粉2克，芝麻油6毫升

做法

❶ 洗净的金针菇切去根部。

❷ 洗好的彩椒切开，去籽，切细丝。

❸ 洗净的豆腐干切粗丝，备用。

❹ 锅中注入适量水，用大火烧开。

❺ 倒入备好的豆腐干，拌匀，略煮一会儿。

❻ 捞出豆腐干，沥干水分，待用。

❼ 另起锅，注入适量水烧开。

❽ 倒入金针菇、彩椒，拌匀，煮至断生。

❾ 捞出材料，沥干水分，待用。

❿ 取一个大碗，倒入金针菇、彩椒，放入豆腐干，拌匀。

⓫ 撒上少许蒜末，加入盐、鸡粉、芝麻油，拌匀。

⓬ 将拌好的菜肴装入盘中即成。

豌豆苗拌香干

◉难易度：★☆☆　◉功效：降低血压

■■ 材料

豌豆苗90克，香干 150克，彩椒40克，蒜末少许

■■ 调料

盐3克，鸡粉3克，生抽4毫升，芝麻油2毫升，食用油适量

■■ 做法

❶ 香干切成条。
❷ 洗好的彩椒切成条，备用。
❸ 锅中注入适量水烧开，倒入适量食用油，加入1克盐、1克鸡粉。
❹ 倒入切好的香干、彩椒，拌匀，煮半分钟。
❺ 加入洗净的豌豆苗，搅拌匀，再煮半分钟至断生。
❻ 把材料捞出，沥干水分。
❼ 将食材装入碗中，放入蒜末。
❽ 加入生抽、盐、鸡粉、芝麻油。
❾ 搅拌均匀，装入盘中即可。

芹菜胡萝卜丝拌腐竹

◉难易度：★☆☆　◉功效：保护视力

材料

芹菜85克，胡萝卜60克，水发腐竹140克

调料

盐、鸡粉各2克，胡椒粉1克，芝麻油4毫升

做法

❶ 洗好的芹菜切成长段；洗净去皮的胡萝卜切丝；洗好的腐竹切段。

❷ 锅中注水烧开，倒入芹菜、胡萝卜，拌匀，用大火略煮片刻。

❸ 放入腐竹，拌匀，煮至食材断生。

❹ 捞出煮好的材料，沥干水分，装入碗中。

❺ 加入所有调料，拌匀至食材入味，装盘即可。

跟着做不会错：黄瓜的焯水时间不宜太久，否则会失去其脆嫩的口感。

黑木耳腐竹拌黄瓜

◉难易度：★☆☆ ◉功效：降低血压

■■ 材料

水发黑木耳40克，水发腐竹80克，黄瓜100克，彩椒50克，蒜末少许

■■ 调料

盐3克，鸡粉少许，生抽4毫升，陈醋4毫升，芝麻油2毫升，食用油适量

■■ 做法

❶ 将泡发好的腐竹切成段。
❷ 洗好的彩椒切成小块。
❸ 洗净的黄瓜对半切开，切成片。
❹ 将洗好的木耳切成小块，备用。
❺ 锅中注入适量水烧开，放入1克盐，倒入适量食用油。
❻ 放入木耳，搅匀，煮至沸。
❼ 加入腐竹，搅拌匀，煮至沸，再焯1分钟。
❽ 倒入彩椒、黄瓜，拌匀，略焯片刻。
❾ 捞出焯好的食材，沥干水分，待用。
❿ 将焯过水的食材装入碗中，放入蒜末。
⓫ 加入盐、鸡粉，淋入备好的生抽、陈醋、芝麻油。
⓬ 用筷子拌匀至入味，装入盘中即可。

洋葱拌腐竹

◉难易度：★★☆　◉功效：益智健脑

材料

洋葱50克，水发腐竹段200克，红椒15克，葱花少许

调料

盐3克，鸡粉2克，生抽4毫升，芝麻油2毫升，辣椒油3毫升，食用油适量

做法

❶ 将洗净的洋葱切成丝。
❷ 洗好的红椒切开，去籽，切成丝。
❸ 热锅注油，烧至四成热，放入洋葱、红椒，搅匀，炸出香味。
❹ 把炸好的洋葱和红椒捞出，待用。
❺ 锅底留油，注入适量水烧开，放入1克盐。
❻ 倒入备好的腐竹段，搅匀，煮1分钟至熟。
❼ 把煮好的腐竹捞出。
❽ 将腐竹装入碗中，再放入炸好的洋葱和红椒。
❾ 再放入少许葱花。
❿ 加入盐、鸡粉、生抽、芝麻油、辣椒油。
⓫ 用筷子充分拌匀调味。
⓬ 把拌好的成菜装入碗中即可。

跟着做不会错：腐竹以煮至刚熟为佳，过熟或没熟都会影响口感，也不利于营养元素的消化吸收。

秘制圣女果

◉难易度：★☆☆　◉功效：开胃消食

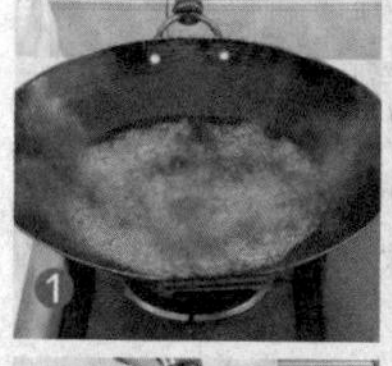

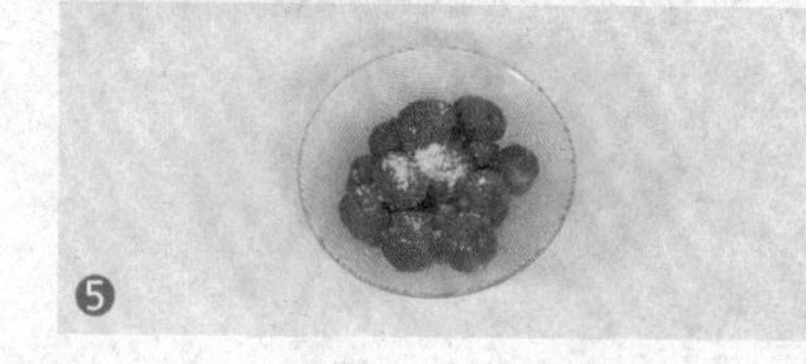

材料

圣女果300克

调料

白糖12克，蜂蜜35克

做法

❶ 锅中注入适量水，用大火烧开。

❷ 倒入洗好的圣女果，搅拌匀，煮至表皮破裂。

❸ 捞出圣女果，沥干水分，待用。

❹ 将放凉的圣女果剥去表皮，放入碗中，加入备好的蜂蜜，拌匀。

❺ 盛入拌好的食材，撒上白糖即可。

Part 3

诱人肉、禽、蛋

肉、禽、蛋类食物营养丰富，滋味鲜美，经过清洗、焯水或者卤制等方式处理后，依口味调配单一或多种调料，即成美味。

本部分将带来多款营养美味的肉、禽、蛋类凉菜，做法清晰明了，搭配精美图片，让你一下子就了然于胸。

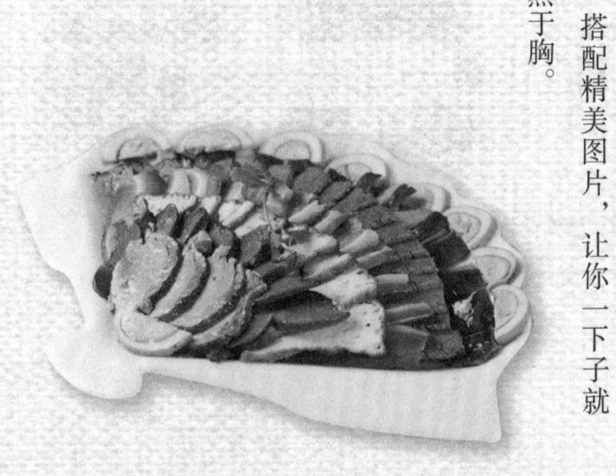

蒜味白肉

◉难易度：★☆☆ ◉功效：增强免疫力

材料

五花肉300克，蒜末30克，姜片、葱条、葱花各适量

调料

盐3克，味精、辣椒油、酱油、芝麻油、花椒油、料酒各少许

做法

❶ 锅中注水烧热，放入洗净的五花肉、葱条、姜片，淋上料酒提鲜。

❷ 盖上盖，用大火煮至材料熟透，静置20分钟。

❸ 蒜末装碗，加除料酒外的所有调料拌匀成味汁。

❹ 取五花肉，切成厚度均等的薄片。

❺ 摆入盘中码好，浇入味汁，撒上葱花即成。

蒜汁肉片

◉难易度：★★☆ ◉功效：健脾活血

材料

鸡胸肉300克，蒜末、葱花各少许

调料

盐2克，鸡粉2克，水淀粉12毫升，生抽4毫升，芝麻油10毫升，陈醋12毫升，食用油少许

做法

❶ 洗净的鸡胸肉切成薄片，装入碗中，加入1克盐、1克鸡粉，淋入水淀粉，拌匀。
❷ 倒入食用油，拌匀，腌渍10分钟，至其入味。
❸ 锅中注水烧开，倒入鸡肉片煮熟，捞出装盘。
❹ 将葱花、蒜末放入碗中，加入1克盐、1克鸡粉。
❺ 加生抽、芝麻油、陈醋拌匀，浇在鸡胸肉上即可。

跟着做不会错：炸花生米时要不断翻动，以使其受热均匀，避免炸煳。

酸辣肉片

◉难易度：★★★　◉功效：补虚强身

材料

猪瘦肉270克，水发花生米125克，青椒25克，红椒30克，桂皮、丁香、八角、香叶、沙姜、草果、姜块、葱条各少许

调料

料酒6毫升，生抽12毫升，老抽5毫升，盐3克，鸡粉3克，陈醋20毫升，芝麻油8毫升，食用油适量，卤水少许

做法

❶ 砂锅中注水烧热，倒入姜块、葱条。
❷ 加桂皮、丁香、八角、香叶、沙姜、草果。
❸ 放入洗净的猪瘦肉，加入料酒、生抽、老抽，加入1克盐、1克鸡粉。
❹ 盖上盖，烧开后用小火煮约40分钟至熟。
❺ 关火后揭开盖，捞出瘦肉，放凉待用。
❻ 热锅注油，烧至三成热，倒入沥干水分的花生米，用小火炸约2分钟。
❼ 捞出炸好的花生米，沥油，待用。
❽ 洗好的红椒切圈。
❾ 洗净的青椒切圈。
❿ 把放凉的瘦肉切厚片，待用。
⓫ 取一个小碗，倒入陈醋，注入少许卤水，加入2克盐、2克鸡粉、芝麻油。
⓬ 倒入红椒、青椒，拌匀。
⓭ 碗中材料腌渍约15分钟，制成味汁。
⓮ 将肉片装入碗中，摆放好，加入炸熟的花生米，淋上调好的味汁即可。

芝麻肉片

◉难易度：★★☆ ◉功效：养心润肺

材料

瘦肉300克，白芝麻6克，蒜末、葱花各少许

调料

盐3克，鸡粉3克，料酒5毫升，生抽10毫升，辣椒油、芝麻油各适量

做法

1. 锅中倒入水，加入5毫升生抽、1克盐、1克鸡粉，放入洗净的瘦肉，淋入料酒。
2. 盖上盖，烧开后用小火煮熟。
3. 揭盖，把煮熟的瘦肉捞出。
4. 把瘦肉切成片，装盘，凉凉。
5. 把切好的肉片装入碗中。
6. 放入蒜末、葱花，拌匀。
7. 加入5毫升生抽、2克鸡粉、2克盐。
8. 倒入辣椒油、芝麻油、原汤汁。
9. 拌匀后，撒上白芝麻即可。

香辣肉丝白菜

◉难易度：★☆☆　◉功效：开胃消食

材料

瘦肉60克，白菜85克，香菜20克，姜丝、葱丝各少许

调料

盐2克，生抽3毫升，鸡粉2克，白醋6毫升，芝麻油7毫升，料酒4毫升，食用油适量

做法

❶ 洗净的白菜切粗丝；洗好的香菜切段；洗净的瘦肉切细丝。

❷ 用油起锅，倒入肉丝，炒至变色。

❸ 倒入姜丝、葱丝爆香，加入料酒、1克盐、生抽炒匀。

❹ 盛出材料，装入碗中，拌匀，再倒入香菜。

❺ 加入1克盐、鸡粉、白醋、芝麻油拌匀，装盘。

Tips

跟着做不会错：豆腐易碎，煮的时候应朝一个方向搅拌，力道要轻。

肉末胡萝卜拌豆腐

◉难易度：★★★　◉功效：降低血压

材料

肉末90克，豆腐200克，胡萝卜50克，鸡蛋1个，香菜、洋葱各少许

调料

盐4克，鸡粉4克，芝麻油2毫升，料酒10毫升，生抽16毫升，水淀粉5毫升，食用油适量

做法

❶ 去皮洗净的洋葱切成粒；洗净的胡萝卜切成粒；择洗好的香菜切成粒；洗净的豆腐切成小方块；鸡蛋打开，取蛋清。

❷ 锅中注水烧开，倒入豆腐块，加入1克盐、1克鸡粉，淋少许食用油，搅匀，煮至沸。

❸ 放入切好的胡萝卜，搅匀，煮至断生。

❹ 把豆腐和胡萝卜捞出，沥干备用。

❺ 用油起锅，倒入蛋清，快速翻炒。

❻ 炒至蛋清凝固，盛出，装入碗中备用。

❼ 把洋葱倒入锅中，翻炒出香味。

❽ 倒入肉末，翻炒松散，淋入料酒炒匀。

❾ 淋入8毫升生抽，翻炒均匀。

❿ 加入少许水，翻炒。

⓫ 放入1克盐、1克鸡粉，炒匀调味。

⓬ 倒入水淀粉，翻炒匀。

⓭ 将炒好的肉末盛出，装入碗中。

⓮ 放入豆腐、胡萝卜、香菜、肉末、蛋清。

⓯ 放入8毫升生抽、2克盐、2克鸡粉，淋入芝麻油。

⓰ 用筷子搅匀后，盛出菜肴，装入碗中即可。

香辣五花肉

◉难易度：★★☆　◉功效：益气补血

材料

熟五花肉500克，红椒15克，花生米30克，白芝麻、西蓝花各少许

调料

白醋、盐、味精、辣椒油、食用油各适量

做法

❶ 熟五花肉切薄片；洗净的红椒切丝。
❷ 油锅烧热，倒入花生米，低温炸2分钟捞出。
❸ 将西蓝花洗净，焯水，摆盘；将五花肉片卷起，摆在西蓝花上；红椒焯水。
❹ 将花生米放在肉卷上，摆上焯过水的红椒。
❺ 取碗，倒入辣椒油。
❻ 倒入白醋，加入盐、味精，拌匀。
❼ 将碗中的味汁浇在肉卷上，撒上白芝麻即可。

家常拌腊肠

◉难易度：★☆☆　◉功效：开胃助食

材料

腊肠150克，蒜末、葱花各少许

调料

辣椒油、陈醋、生抽各适量

做法

❶ 把腊肠放在锅中蒸盘上。
❷ 加盖，蒸5分钟。
❸ 揭盖，把腊肠取出，放凉。
❹ 把腊肠切成片。
❺ 把切好的腊肠片放入盘中，摆好，备用。
❻ 把蒜末、葱花倒入碗中。
❼ 加入辣椒油、陈醋、生抽。
❽ 拌匀，制成调味料。
❾ 把拌好的调味料全部浇在腊肠上即可。

卤猪肚

◉难易度：★★☆　◉功效：益气补血

材料

净猪肚450克，白胡椒20克，姜片、葱结各少许

调料

盐2克，生抽4毫升，料酒、芝麻油、食用油各适量

做法

❶ 锅中注水烧开，放入猪肚略煮。
❷ 关火后，将猪肚捞出，沥干水分，装入盘中待用。
❸ 锅中注水烧开，倒入猪肚、姜片、葱结、白胡椒。
❹ 加入食用油、盐、生抽、料酒，拌匀。
❺ 加盖，卤煮至食材熟软。
❻ 揭盖，关火后捞出猪肚。
❼ 将猪肚装入盘中，待用。
❽ 放凉后将猪肚切成粗丝。
❾ 将猪肚装盘，浇上芝麻油即可。

红油拌肚丝

◉难易度：★☆☆　◉功效：增强免疫力

材料

熟猪肚200克，红椒丝、蒜末各少许

调料

盐3克，鸡粉1克，辣椒油、鲜露、生抽、味精、白糖、老抽、芝麻油各适量

做法

❶ 锅中加1500毫升水烧开，加鲜露，倒入洗净的熟猪肚。
❷ 加入生抽、味精、白糖、老抽。
❸ 加盖，小火煮10分钟至入味。
❹ 将煮好的猪肚盛出，放凉。
❺ 把猪肚切成丝，盛入碗中，加入红椒丝、蒜末。
❻ 加入盐、鸡粉、辣椒油，拌匀。
❼ 加芝麻油，用筷子拌匀，盛入盘中即成。

辣拌肚丝

◉难易度：★★☆　◉功效：开胃消食

材料

熟猪肚300克，青椒、红椒各20克，干辣椒5克，蒜末少许

调料

盐3克，鸡粉2克，陈醋、辣椒油、花椒油、食用油各适量

做法

❶ 洗净的红椒切成圈。
❷ 洗好的青椒切成圈。
❸ 熟猪肚切成丝。
❹ 将切好的食材分别装入盘中待用。
❺ 起油锅，倒入干辣椒、蒜末爆香。
❻ 倒入青椒、红椒，炒香。
❼ 淋入辣椒油、花椒油，拌炒均匀。
❽ 加入陈醋。
❾ 放入盐、鸡粉，翻炒均匀，制成调味料。
❿ 把炒好的调味料盛入碗中，备用。
⓫ 取干净的玻璃碗，放入猪肚丝。
⓬ 倒入调味料。
⓭ 用筷子将碗中的材料充分拌匀，至其入味。
⓮ 将拌好的菜肴倒入盘中即可。

跟着做不会错：煮猪肚时应用大火，不应用小火，这样才能使猪肚膨胀。

跟着做不会错：清洗猪肚时一定要将其内部的油脂和筋膜去除，不然会影响味道。

凉拌猪肚丝

◉难易度：★★★　◉功效：增强免疫力

材料

洋葱150克，黄瓜70克，猪肚300克，沙姜、草果、八角、桂皮、姜片、蒜末、葱花各少许

调料

盐3克，鸡粉2克，生抽4毫升，白糖3克，芝麻油5毫升，辣椒油4毫升，胡椒粉2克，陈醋3毫升

做法

❶ 洗好的洋葱切薄片，再切成丝。

❷ 洗净的黄瓜切成片，再切成细丝，备用。

❸ 锅中注入适量水烧开，倒入洋葱。

❹ 搅拌匀，煮至断生，捞出材料，沥干水分，待用。

❺ 砂锅中注入适量水，用大火烧热。

❻ 放入沙姜、草果、八角、桂皮、姜片。

❼ 放入洗好的猪肚，加入2克盐、2毫升生抽。

❽ 盖上锅盖，烧开后用小火卤约2小时。

❾ 揭开锅盖，捞出猪肚，放凉待用。

❿ 将放凉的猪肚切成细丝，备用。

⓫ 取大碗，倒入猪肚丝，放入部分黄瓜丝。

⓬ 加入1克盐、白糖、鸡粉、2毫升生抽、芝麻油。

⓭ 倒入辣椒油、胡椒粉、陈醋。

⓮ 撒上备好的蒜末，搅拌片刻至食材入味。

⓯ 取一个盘子，铺上剩余的黄瓜丝，放入洋葱丝。

⓰ 盛出拌好的菜肴，点缀上葱花即可。

香菜拌肚丝

◉难易度：★★☆　◉功效：益气补血

材料

熟牛肚150克，香菜50克，红椒15克

调料

盐6克，鸡粉1克，生抽3毫升，料酒5毫升，陈醋、辣椒油、芝麻油各适量

做法

❶ 将洗净的香菜切成4厘米长的段。

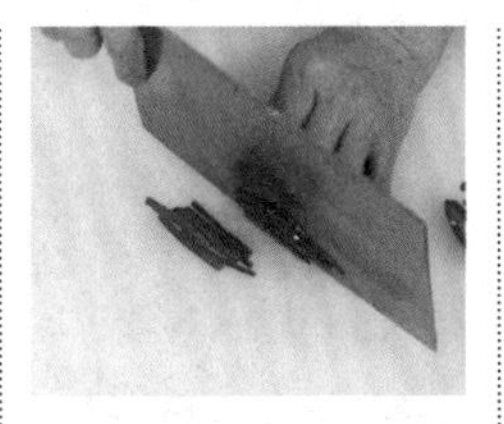

❷ 将洗净的红椒切成4厘米长的段，切开，去籽，再切成丝。

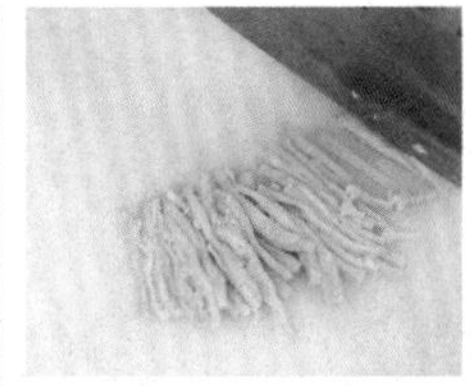

❸ 将熟牛肚切成片，再切成丝。

❹ 将切好的食材分别装入盘中备用。

❺ 锅中倒入适量水，用大火烧开，再淋入生抽、料酒，加入3克盐。

❻ 倒入备好的熟牛肚丝，小火煮30分钟，至食材入味。

❼ 把煮好的牛肚丝捞出，沥干水分后倒入碗中。

❽ 放入红椒丝、香菜，再加入陈醋、盐、鸡粉、辣椒油、芝麻油。

❾ 用筷子拌匀调味，盛出装盘即可。

Tips

跟着做不会错：用生蔬菜做凉菜时一定要注意卫生，所以洗香菜的时候宜用凉开水或者温开水清洗。

卤猪腰

◉难易度：★★☆　◉功效：益气补血

■■ 材料

猪腰250克，姜片、葱结、香菜段各少许

■■ 调料

盐3克，生抽5毫升，料酒4毫升，陈醋、芝麻油、辣椒油各适量

做法

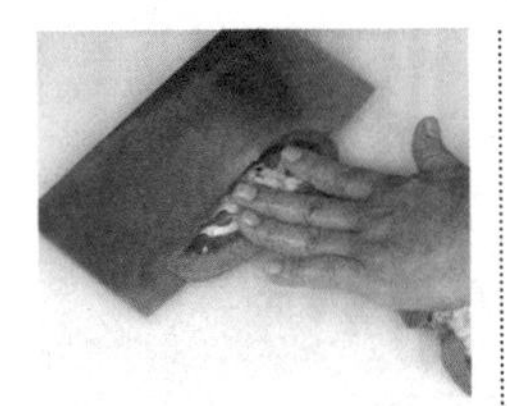

❶ 洗净的猪腰切开，去除筋膜。

❷ 锅中注入适量水烧开，加入料酒、1克盐、3毫升生抽。

❸ 放入姜片、葱结，大火略煮片刻。

❹ 倒入猪腰，拌匀。

❺ 中火煮约6分钟至食材熟透。

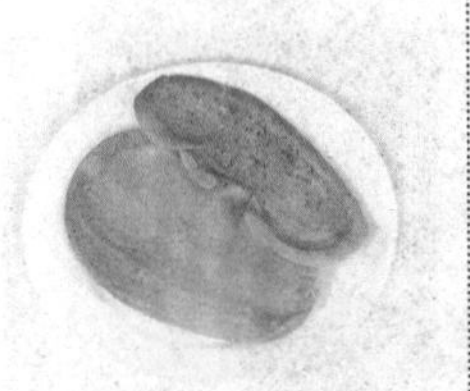

❻ 关火后将猪腰捞出，放入盘中。

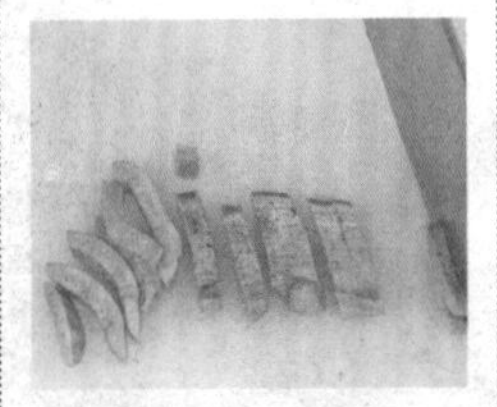

❼ 放凉后，将猪腰切成粗丝。

❽ 取一碗，放入切好的猪腰、香菜段。

❾ 加入生抽、盐、陈醋、辣椒油、芝麻油，用筷子搅匀。

❿ 将拌好的猪腰放入盘中即可。

Tips

跟着做不会错：注意一定要将猪腰的筋膜全部去除干净，否则会有很重的腥臊味。

卤猪舌

◉难易度：★☆☆　◉功效：益气补血

材料

猪舌200克，葱条、草果、香叶、八角、桂皮、花椒、姜片、大蒜各适量

调料

卤水、盐、生抽、老抽、料酒、味精、食用油各适量

做法

❶ 锅中倒入适量水，盖上锅盖，用大火烧开。

❷ 揭开锅盖，放入洗净的猪舌，加入适量料酒。

❸ 盖上锅盖，将猪舌焖15分钟至熟透。

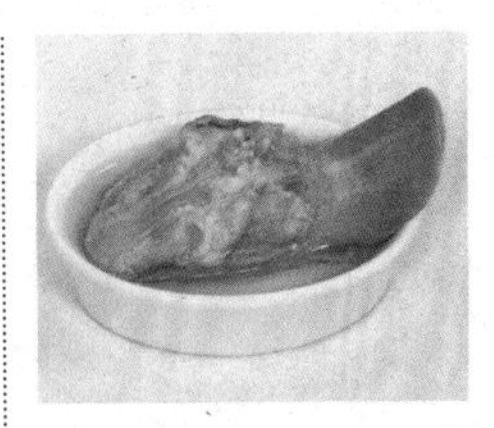

❹ 揭开锅盖，捞出猪舌，放入凉水中浸泡2~3分钟后取出。

❺ 炒锅注油，放入洗好的葱条、草果、香叶、八角、桂皮、花椒、姜片、大蒜，煸香。

❻ 倒入卤水，加生抽、老抽、盐、味精，调匀。

❼ 放入猪舌，加盖，烧开后，转小火卤制30分钟至入味。

❽ 揭盖，捞出卤熟的猪舌。

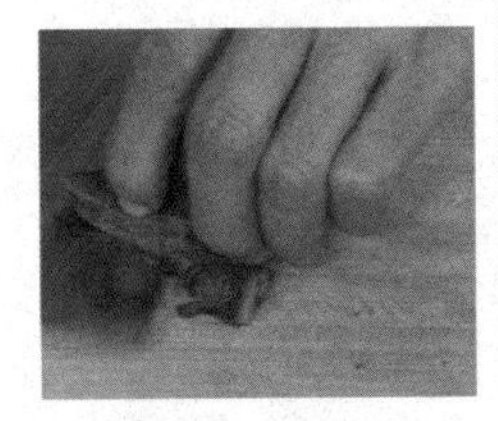

❾ 将猪舌切成片，装入盘中，淋入卤汁，拌匀。

❿ 再整齐摆入另一个盘中即成。

跟着做不会错：猪舌卤熟捞出后，要放凉后再切片，就不会烫手了。

红油肥肠

◉难易度：★☆☆ ◉功效：养心润肺

材料

熟肥肠200克，朝天椒5克，蒜末、葱花各少许

调料

盐3克，鸡粉少许，料酒3毫升，辣椒油适量

做法

❶ 洗净的朝天椒切成圈，装入盘中备用。
❷ 肥肠切成小块，装入盘中备用。
❸ 锅中倒入适量水，用大火烧开，加入料酒。
❹ 倒入肥肠，煮约1分钟。
❺ 把煮好的肥肠捞出。
❻ 将肥肠倒入碗中。
❼ 加入朝天椒、葱花、蒜末。
❽ 放入盐、鸡粉、辣椒油。
❾ 用筷子拌匀，盛出装盘即可。

蒜香猪耳

◉难易度：★☆☆　◉功效：益气补血

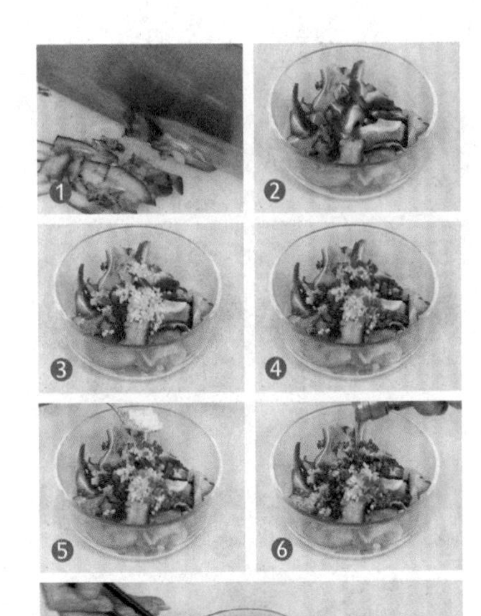

材料

卤猪耳200克，蒜末、葱花各少许

调料

盐2克，鸡粉2克，生抽、芝麻油各适量

做法

❶ 将卤猪耳切薄片。

❷ 将卤猪耳装入碗中。

❸ 将蒜末倒入装有卤猪耳的碗中。

❹ 放入少许葱花。

❺ 加入盐、鸡粉、生抽。

❻ 再加入芝麻油。

❼ 用筷子充分拌匀，盛菜装盘即成。

小白菜拌猪耳

◉难易度：★☆☆　◉功效：增强免疫力

材料

小白菜350克，卤猪耳150克，蒜末少许

调料

盐3克，味精1克，生抽、芝麻油、食用油各适量

做法

❶ 卤猪耳切成片；洗净的小白菜切成段。
❷ 锅中加适量水烧开，加食用油。
❸ 倒入小白菜，焯至熟。
❹ 把小白菜捞出，沥干水分。
❺ 将小白菜盛放在碗中，倒入猪耳。
❻ 加入盐、味精，淋入生抽，撒上蒜末。
❼ 再倒入芝麻油，拌约1分钟至食材入味，盛出，装入盘中即可。

芝麻拌猪耳

◉难易度：★☆☆　◉功效：益气补血

材料

卤猪耳350克，白芝麻3克，葱花少许

调料

盐3克，鸡粉1克，生抽、陈醋、辣椒油、芝麻油各适量

做法

❶ 将卤猪耳切成片，装在盘中备用。

❷ 炒锅置于火上，烧热，倒入白芝麻，炒出香味，改用小火，炒至芝麻熟，盛出备用。

❸ 碗中放入切好的猪耳，加入盐、生抽、鸡粉。

❹ 倒入辣椒油、陈醋，淋上芝麻油，撒入白芝麻、葱花。

❺ 拌约1分钟至食材入味，盛出装盘即可。

跟着做不会错：煮猪蹄之前，可以用牙签在猪蹄上扎孔，这样更利于入味，且易熟烂。

蒜香猪蹄

◉难易度：★☆☆　◉功效：美容养颜

材料

猪蹄400克，姜片20克，水发黄豆150克

调料

盐10克，鸡粉4克，白糖13克，料酒10毫升，生抽5毫升，陈醋25毫升，白醋10毫升，辣椒油5毫升，芝麻油3毫升

做法

❶ 将处理干净的猪蹄斩成块。
❷ 将猪蹄装入盘中备用。
❸ 锅中倒入适量水，放入猪蹄。
❹ 加入姜片、白醋。
❺ 盖上锅盖，用大火烧开。
❻ 揭盖，放入洗净的黄豆。
❼ 再加入料酒、10毫升陈醋、3克白糖、盐、2克鸡粉，调味。
❽ 盖上盖，继续用小火煮30分钟至入味。
❾ 揭盖，把猪蹄捞出，放凉。
❿ 把黄豆和姜片捞入盘中，挑去姜片。
⓫ 取一个大碗，把猪蹄倒入碗中。
⓬ 加入辣椒油、陈醋、生抽、白糖、鸡粉、芝麻油。
⓭ 用筷子拌匀，调味。
⓮ 取一个盘子，把拌好的猪蹄装入盘中。
⓯ 再把黄豆倒入装有调料的碗中，拌匀。
⓰ 把拌好的黄豆倒入装有猪蹄的碗中即可。

凉拌牛肉紫苏叶

◉难易度：★★☆　◉功效：增强免疫力

材料

牛肉100克，紫苏叶5克，蒜瓣10克，大葱20克，胡萝卜250克，姜片适量

调料

盐4克，白酒10毫升，香醋8毫升，鸡粉2克，芝麻酱4克，芝麻油、生抽各少许

跟着做不会错：牛肉丝可以切得细一点，这样会更易入味。

做法

❶ 砂锅中注入适量水，大火烧热，倒入蒜瓣、姜片、牛肉，淋入白酒。

❷ 加入2克盐、生抽，搅匀调味。

❸ 盖上锅盖，用中火煮约90分钟，至牛肉熟软。

❹ 揭开锅盖，将牛肉捞出，放凉备用。

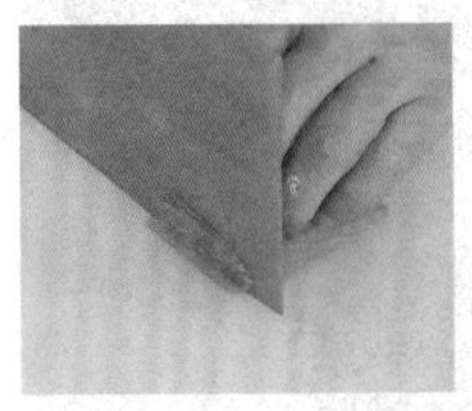

❺ 洗净去皮的胡萝卜切片，再切成细丝。

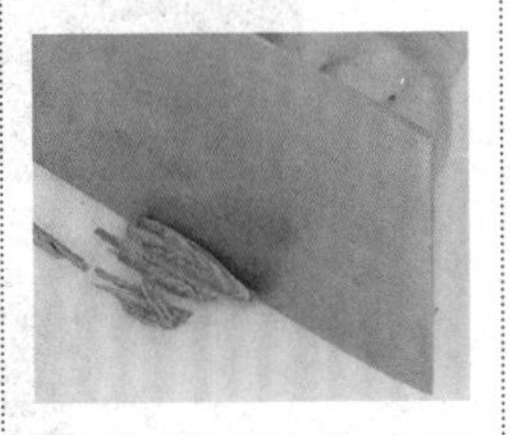

❻ 将放凉的牛肉切片，再切成丝。

❼ 洗好的大葱切成丝，放入凉水中。

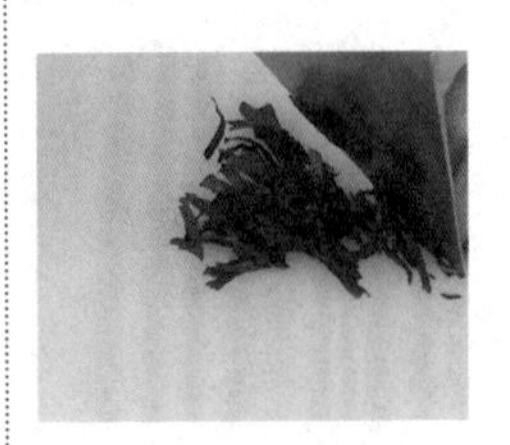

❽ 洗好的紫苏叶切丝。

胡萝卜的皮同样富含营养，可以用凉开水或温开水将胡萝卜清洗干净后，连皮切成细丝。

❾ 取一个碗，放入牛肉丝、胡萝卜丝、大葱丝。

❿ 再放入紫苏叶，加入盐、香醋、鸡粉。

⓫ 加入芝麻油、芝麻酱，拌匀，装入盘中即可。

小白菜拌牛肉末

◉难易度：★☆☆　◉功效：增高助长

材料

牛肉100克，小白菜160克，高汤100毫升

调料

盐4克，白糖3克，番茄酱15克，料酒、水淀粉、食用油各适量

做法

❶ 洗好的小白菜切段；洗净的牛肉剁成末。
❷ 锅中烧开水，放入少许食用油、2克盐、小白菜。
❸ 煮约1分钟后捞出小白菜，沥干装盘。
❹ 用油起锅，倒入牛肉末，炒匀，淋入料酒，炒香，倒入高汤。
❺ 加入番茄酱、盐、白糖，拌匀调味。
❻ 倒入适量水淀粉，快速搅拌均匀。
❼ 将牛肉末盛在装好盘的小白菜上。

姜汁牛肉

◉难易度：★☆☆　◉功效：增强免疫力

材料

卤牛肉100克，姜末15克，辣椒粉、葱花各少许

调料

盐3克，生抽6毫升，陈醋7毫升，鸡粉、芝麻油、辣椒油各适量

做法

❶ 将卤牛肉切成片，摆入盘中。
❷ 取一个干净的碗，倒入姜末、辣椒粉，放入葱花。
❸ 加入盐、陈醋、鸡粉。
❹ 加入生抽、辣椒油。
❺ 再倒入芝麻油。
❻ 加入少许开水，制成调味料。
❼ 用勺子搅拌匀后盛出调味料，浇在牛肉片上即可。

湘卤牛肉

◉难易度：★★☆　◉功效：益气补血

材料

卤牛肉100克，莴笋100克，红椒17克，蒜末、葱花各少许

调料

盐3克，老卤水70毫升，鸡粉2克，陈醋7毫升，芝麻油、辣椒油、食用油各适量

做法

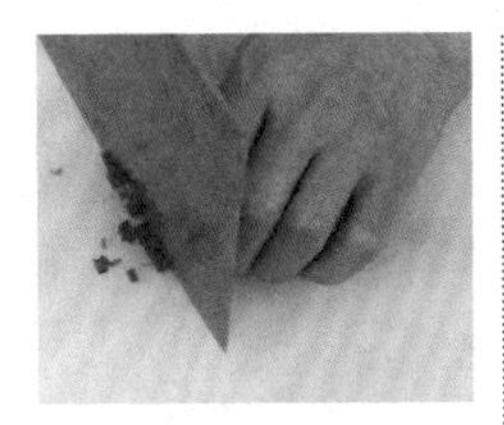

❶ 洗净的红椒去籽，切成粒。

❷ 去皮洗净的莴笋用斜刀切成3厘米长的段，改切成片。

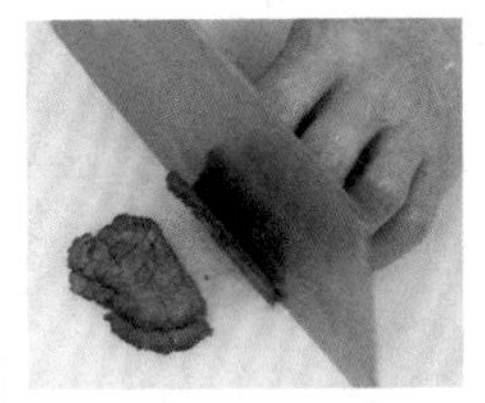

❸ 将卤牛肉切成片。

❹ 锅中倒入适量水烧开，加入食用油、1克盐，倒入莴笋，煮1分钟至熟。

❺ 把煮好的莴笋捞出，装入盘中。

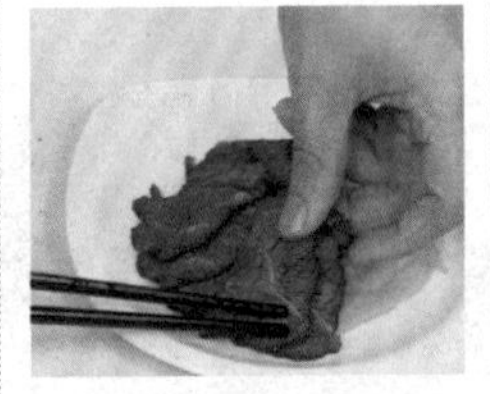

❻ 将牛肉片放在莴笋片上。

❼ 取一个干净的碗，倒入蒜末、葱花、红椒粒。

❽ 倒入备好的老卤水，加入辣椒油、鸡粉、盐。

❾ 再加入陈醋、芝麻油，用筷子拌匀。

❿ 将拌好的材料浇在牛肉片上即可。

Tips

跟着做不会错：切牛肉片时，应横着牛肉的纤维切，这样可以切断牛肉纤维，使牛肉片口感更加嫩滑。

醋香牛肉

◉难易度：★★☆　◉功效：提神健脑

材料

卤牛肉150克，花生米100克，红椒30克，青椒20克，白芝麻、蒜末、葱花各少许

调料

盐3克，鸡粉2克，陈醋10毫升，生抽8毫升，芝麻油、食用油各适量

做法

❶ 将洗净的红椒切成圈备用。
❷ 洗净的青椒切成圈。
❸ 将卤牛肉切成小块。
❹ 锅中倒入适量水烧开，加入少许食用油。
❺ 倒入青椒和红椒，焯片刻，捞出食材。
❻ 炒锅注油烧热，倒入花生米，小火炸约2分钟至熟，捞出花生米。
❼ 取一个干净的大碗，倒入牛肉、青椒、红椒。
❽ 倒入炸好的花生米、蒜末和葱花。
❾ 放入鸡粉、陈醋。
❿ 加入生抽、盐，拌匀调味。
⓫ 再淋入芝麻油，用筷子拌匀。
⓬ 将拌好的材料盛出装盘，撒上白芝麻即可。

跟着做不会错：炸制花生米时，要控制好时间和火候，以免炸焦，影响其外观和口感。

凉拌牛百叶

◉难易度：★★☆ ◉功效：益气补血

材料

牛百叶350克，胡萝卜75克，花生碎55克，荷兰豆50克，蒜末20克

调料

盐、鸡粉各2克，白糖4克，生抽4克，芝麻油、食用油各少许

跟着做不会错：牛百叶要煮至熟，但也要掌握时间，时间过长会使牛百叶变硬，影响口感。

做法

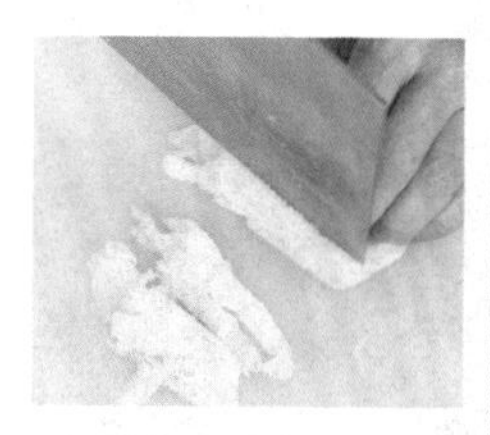

❶ 洗净去皮的胡萝卜切细丝；洗好的牛百叶切片；洗净的荷兰豆切成细丝。

❷ 锅中注入适量水烧开，倒入牛百叶，拌匀，煮约1分钟，捞出材料，沥干水分，待用。

❸ 沸水锅中加入少许食用油，拌匀，煮一会儿。

❹ 倒入胡萝卜，搅拌均匀，放入荷兰豆，再搅拌均匀。

❺ 焯至食材断生，捞出材料，沥干水分，备用。

喜欢食材的口感更熟软的朋友可以在食材煮至断生后再煮片刻。

❻ 取一盘子，盛入部分胡萝卜、荷兰豆垫在盘底。

❼ 取一碗，倒入牛百叶，放入余下的胡萝卜、荷兰豆。

❽ 加入盐、白糖、鸡粉，撒上蒜末。

❾ 淋入生抽、芝麻油，拌匀。

❿ 加入花生碎，拌匀至食材入味。

⓫ 将拌好的菜肴盛入盘中，摆好即可。

麻酱拌牛肚

◉难易度：★☆☆ ◉功效：开胃消食

材料

熟牛肚丝300克，红椒丝10克，青椒丝10克，白芝麻15克，芝麻酱10克，蒜末、姜末、葱花各少许

调料

鸡粉2克，白糖3克，生抽、陈醋、芝麻油各5毫升，辣椒油少许

做法

❶ 取一个小碗，加入芝麻酱、蒜末、姜片、葱花。

❷ 加入所有调料，拌匀制成味汁。

❸ 取一个大碗，倒入牛肚，放入青椒丝、红椒丝。

❹ 倒入味汁拌匀，撒上白芝麻，拌匀入味。

❺ 将拌好的凉菜盛入盘中即可。

芥末牛百叶

◉难易度：★☆☆ ◉功效：开胃消食

材料

牛百叶300克，芥末糊30克，红椒10克，香菜少许

调料

盐1克，鸡粉1克，食用油10毫升

做法

❶ 洗净的红椒切细丝。
❷ 洗好的牛百叶切粗条。
❸ 锅中注水烧开，倒入牛百叶、红椒，拌匀，煮至熟。
❹ 捞出食材，沥干待用。
❺ 取一个大碗，倒入牛百叶、红椒，撒上香菜。
❻ 加入盐、鸡粉、食用油。
❼ 倒入芥末糊，拌匀，至食材入味，盛入盘中即可。

跟着做不会错：牛肚要去尽油脂和筋，否则不易嚼烂。

米椒拌牛肚

◉难易度：★★☆　◉功效：益气补血

材料

牛肚200克，泡小米椒45克，蒜末、葱花各少许

调料

盐4克，鸡粉4克，辣椒油4毫升，料酒10毫升，生抽8毫升，芝麻油2毫升，花椒油2毫升

做法

❶ 锅中注入适量水烧开，倒入切好的牛肚。
❷ 淋入料酒、生抽，放入2克盐、2克鸡粉，拌匀。
❸ 盖上盖，用小火煮1小时，至牛肚熟透。
❹ 揭开盖，捞出煮好的牛肚，沥干水分，备用。
❺ 将煮好的牛肚装入碗中，加入泡小米椒、蒜末、葱花。
❻ 放入盐、鸡粉，淋入辣椒油、芝麻油、花椒油。
❼ 搅拌片刻，至食材入味，装入盘中即可。

凉拌卤牛肚

◉难易度：★☆☆ ◉功效：开胃消食

材料

卤牛肚300克，蒜末10克，姜末10克，熟芝麻、葱花各少许

调料

花椒油、辣椒油、浙醋、盐、味精、白糖、芝麻油各适量

做法

❶ 把卤牛肚切成薄片，放入盘中，摆出造型。
❷ 取一个小碗，放入蒜末、姜末。
❸ 倒入适量花椒油、辣椒油、浙醋。
❹ 加入盐、味精、白糖、芝麻油拌匀，制成凉拌汁。
❺ 将凉拌汁浇在牛肚上，撒熟芝麻、葱花即可。

夫妻肺片

◉难易度：★★☆　◉功效：益气补血

材料

熟牛肉80克，熟牛蹄筋150克，熟牛肚150克，青椒15克，红椒15克，蒜末、葱花各少许

调料

生抽3毫升，陈醋、辣椒酱、老卤水、辣椒油、芝麻油各适量

做法

❶ 把熟牛肉、熟牛蹄筋、熟牛肚放入煮沸的卤水锅中。

❷ 盖上盖，小火煮15分钟，捞出食材，装入盘中，放凉备用。

❸ 洗净的青椒对半切开，先切成丝，再切成粒。

❹ 洗净的红椒对半切开，去籽，先切成丝，再切成粒。

❺ 把卤好的熟牛蹄筋切成小块，备用。

❻ 将卤好的牛肉切成片，备用。

❼ 用斜刀将卤好的牛肚切成片，备用。

❽ 取一个大碗，倒入切好的牛肉、牛肚、熟牛蹄筋。

❾ 倒入青椒、红椒、蒜末、葱花。

❿ 倒入备好的陈醋、生抽、辣椒酱、老卤水。

⓫ 倒入辣椒油、芝麻油。

⓬ 用小汤匙拌匀，盛出装盘即可。

Tips

跟着做不会错：牛筋、牛肚的韧性较大，在切时不宜切得太大，以免食用时久嚼不烂。

辣卤牛蹄筋

◉难易度：★★★ ◉功效：美容养颜

材料

熟牛蹄筋250克，干辣椒7克，草果10克，香叶3克，桂皮10克，干姜8克，八角7克，花椒4克，姜片20克，葱结15克

调料

豆瓣酱10克，麻辣鲜露5毫升，盐25克，味精20克，生抽20毫升，老抽10毫升，辣椒油3毫升，食用油适量

做法

❶ 炒锅置于火上，倒入适量食用油，烧至三成热。

❷ 放入姜片、葱结，大火爆香。

❸ 放入草果、香叶、桂皮、干姜、八角、花椒，快速翻炒香。

❹ 放入豆瓣酱，翻炒均匀。

❺ 锅中倒入约1000毫升水，加入麻辣鲜露，放入盐、味精，淋入生抽、老抽，拌匀至入味。

❻ 盖上锅盖，用大火煮至沸，再转小火煮约30分钟，即成川味卤水。

❼ 取一个小碗，倒入少许川味卤水，加辣椒油，拌匀，作为调味汁，备用。

❽ 用大火煮沸川味卤水，放入干辣椒、熟牛蹄筋。

生牛蹄筋可用高压锅来煮，这样比较节省时间，能快速将牛蹄筋煮熟软。

❾ 加盖，小火卤制20分钟。

❿ 揭盖，把卤好的牛蹄筋捞出。

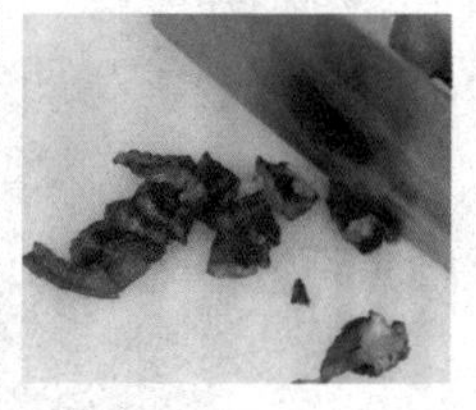

⓫ 把牛蹄筋切成小块，装入盘中，淋入调好的调味汁即可。

口水牛蹄筋

◉难易度：★☆☆　◉功效：美容养颜

材料

熟牛蹄筋200克，白芝麻10克，辣椒粉15克，干辣椒5克，蒜末、葱花各少许

调料

盐3克，鸡粉2克，生抽5毫升，辣椒油3毫升，食用油适量

做法

1. 将熟牛蹄筋切成片，装入盘中备用。
2. 用油起锅，倒入干辣椒、蒜末、辣椒粉，炒香。
3. 倒入少许水，炒匀。
4. 加入生抽、盐、鸡粉、辣椒油炒匀，制成调味汁。
5. 把牛蹄筋盛入碗中。
6. 加入调味汁、葱花，拌匀。
7. 加入白芝麻，用筷子拌匀，盛出装盘即可。

红油牛舌

◉难易度：★☆☆ ◉功效：增强免疫力

材料

熟牛舌150克，蒜末15克，葱花10克

调料

盐3克，鸡粉3克，生抽3毫升，辣椒油少许，芝麻油适量

做法

1. 把熟牛舌切成薄片，装在小碟子中。
2. 牛舌片放入碗中，加入盐、生抽、鸡粉。
3. 再倒入蒜末、葱花。
4. 放入辣椒油、芝麻油，拌约1分钟至材料入味。
5. 将拌好的牛舌盛入碗中，摆上装饰即成。

辣拌牛舌

◉难易度：★☆☆ ◉功效：增强免疫力

材料

熟牛舌150克，红椒15克，蒜末5克

调料

盐3克，鸡粉2克，辣椒酱少许，生抽3毫升，芝麻油、食用油各适量

做法

❶ 把洗净的红椒对半切开，去籽，切成细丝，再改切成粒。
❷ 将熟牛舌用斜刀切成薄片。
❸ 将牛舌片放入碗中。
❹ 加入盐、鸡粉、辣椒酱。
❺ 淋入生抽。
❻ 再放入蒜末、红椒。
❼ 倒入芝麻油，拌至食材入味。
❽ 加入适量熟油，拌匀。
❾ 将拌好的牛舌盛入盘中即可。

原味牛舌

◉难易度：★☆☆　◉功效：益气补血

材料

牛舌250克，香菜叶少许

调料

卤水200毫升，料酒10毫升

做法

❶ 锅置于大火上，注入适量水，放入洗净的牛舌，加入料酒，煮约20分钟至熟。

❷ 把煮熟的牛舌捞出，放凉。

❸ 将牛舌对半切开，再切成薄片，装入盘中。

❹ 另起锅，加入卤水，煮约1分钟至沸腾。

❺ 把卤水浇在牛舌上，再放上香菜叶即可。

蒜香羊肉

◉难易度：★☆☆ ◉功效：增强免疫力

材料

卤羊肉200克，红椒7克，蒜末20克，葱花少许

调料

盐2克，鸡粉、陈醋、生抽、芝麻油各适量

做法

❶ 把洗净的红椒切圈。

❷ 卤羊肉切成薄片，倒入碗中。

❸ 加入红椒圈，放入蒜末、葱花。

❹ 加入盐、鸡粉，淋上陈醋、生抽。

❺ 倒上芝麻油，拌约1分钟至食材入味，盛入盘中，摆放好即成。

凉拌羊肉

◉难易度：★☆☆ ◉功效：益气补血

材料

卤羊肉200克，香菜10克，红椒圈、蒜末各少许

调料

盐2克，鸡粉、陈醋、生抽、辣椒油、芝麻油各适量

做法

1. 把洗净的香菜切成小段。
2. 卤羊肉切成薄片，装在碗中。
3. 再倒入蒜末、红椒圈、香菜。
4. 淋上陈醋、生抽。
5. 加入盐、鸡粉、辣椒油，搅拌半分钟。
6. 再倒上芝麻油，拌约半分钟至食材入味。
7. 将菜肴盛入盘中，摆好即成。

跟着做不会错：将生羊肉切块后放入水中，加点米醋，待煮沸后捞出羊肉，继续卤制，可去除羊肉膻味。

跟着做不会错：炸豆腐时最好选用小火，这样才不会使豆腐的口感太老了。

卤水拼盘

◉难易度：★★★　◉功效：益气补血

■■ 材料

鸭肉500克，猪耳、猪肚各400克，老豆腐380克，牛肉350克，鸭胗300克，熟鸡蛋（去壳）180克，姜片30克，葱条20克，香叶、草果、沙姜、芫荽子、红曲米、花椒、八角、桂皮各少许

■■ 调料

盐20克，鸡粉15克，白糖30克，老抽10毫升，生抽20毫升，食用油适量，料酒少许

■■ 做法

❶ 锅置火上，注入适量清水，用大火烧沸。
❷ 放入洗净的牛肉、鸭胗、猪耳、猪肚和鸭肉。
❸ 煮沸后淋入少许料酒，拌匀，氽约1分钟。
❹ 去除血渍以及杂质，捞出材料，沥干水分，待用。
❺ 热锅注油烧热，放入洗净的老豆腐，炸约2分钟。
❻ 炸至豆腐色泽金黄后捞出，沥干油，待用。
❼ 取隔渣袋，装入香叶、草果、沙姜、芫荽子、红曲米、花椒、八角和桂皮，制成香袋。
❽ 锅中注水烧开，放入香袋、盐、鸡粉、白糖。
❾ 再倒入生抽、老抽，搅匀，撒上姜片、葱条，倒入氽过水的食材。
❿ 盖上盖，烧开后转小火卤约20分钟，至食材变软，关火后静置约30分钟。
⓫ 揭盖，倒入熟鸡蛋、豆腐略拌，使其浸入卤水中。
⓬ 盖好盖，用小火再卤约15分钟，至全部食材入味。
⓭ 取下盖，捞出卤好的食材，沥干卤水，待凉备用。
⓮ 把放凉后的食材逐一切成片状，摆在盘中，浇上少许卤水即成。

香辣兔肉丝

◉难易度：★★☆　◉功效：降压降糖

材料

熟兔肉300克，青椒、红椒各17克，蒜末、葱花各少许

调料

盐3克，生抽3毫升，鸡粉、辣椒油、食用油各适量

做法

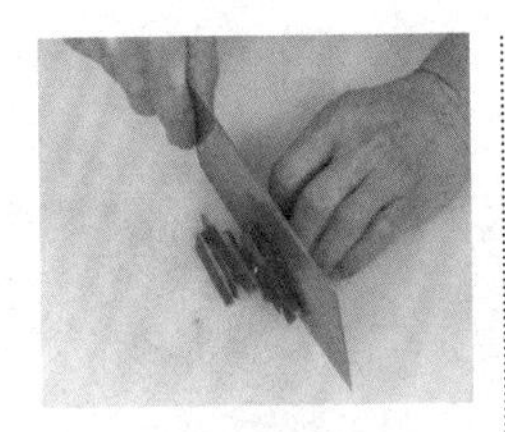

❶ 洗净的青椒切开，去籽，再切成丝。

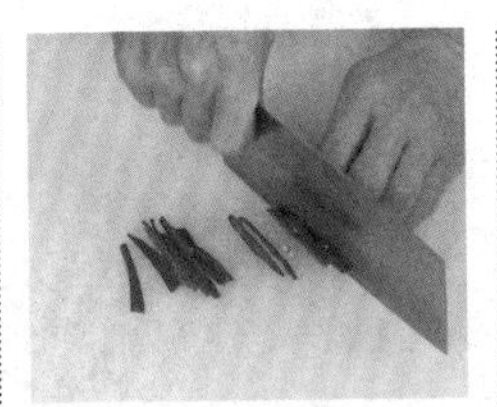

❷ 洗净的红椒切开，去籽，改切成丝。

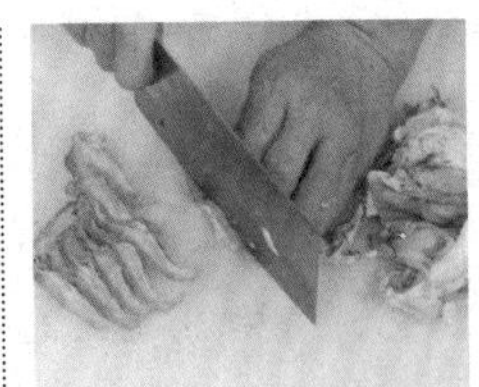

❸ 将熟兔肉的骨头剔除，再将兔肉切成丝。

❹ 用油起锅，倒入蒜末、青椒丝、红椒丝，炒香。

❺ 加入生抽、辣椒油，炒匀调味。

❻ 再加入鸡粉、盐，拌匀，制成味汁，待用。

❼ 把兔肉丝倒入碗中，放入炒制好的味汁，拌匀。

❽ 撒入少许葱花，用筷子拌匀至入味。

❾ 把拌好的兔肉装盘即可。

Tips

跟着做不会错：辣椒油可依个人口味添加，但不宜太多，以免过辣，掩盖兔肉本身的鲜味。

凉拌手撕鸡

◉难易度：★☆☆　◉功效：增强免疫力

材料

熟鸡胸肉160克，红椒20克，青椒20克，葱花、姜末各少许

调料

盐2克，鸡粉2克，生抽4毫升，芝麻油5毫升

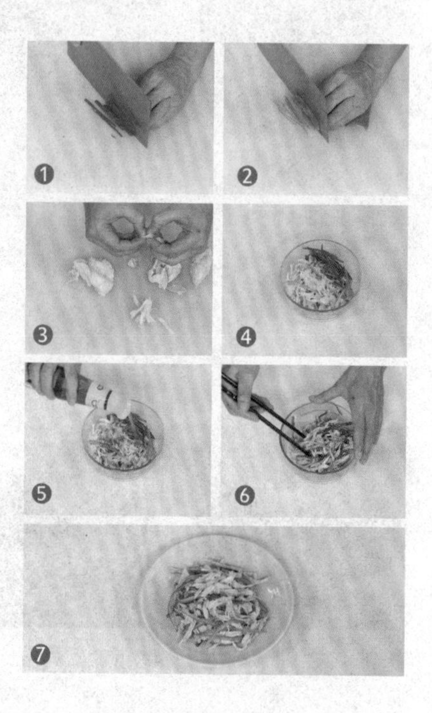

做法

1. 洗好的红椒切开，去籽，再切细丝。
2. 洗净的青椒切开，去籽，再切细丝。
3. 把熟鸡胸肉撕成细丝，待用。
4. 取一个碗，倒入鸡肉、青椒、红椒、葱花、姜末。
5. 加入盐、鸡粉、生抽、芝麻油。
6. 搅拌匀，至食材入味。
7. 将拌好的菜肴装入盘中即成。

重庆口水鸡

◉难易度：★★☆　◉功效：强身健体

材料

熟鸡肉500克，冰块500克，蒜末、姜末、葱花各适量

调料

盐、白糖、白醋、生抽、芝麻油、辣椒油、花椒油、食用油各适量

做法

❶ 取一个大碗，倒入适量水，倒入冰块。
❷ 将熟鸡肉放入冰水中浸泡5分钟。
❸ 锅中倒入适量食用油、花椒油。
❹ 放入姜末、蒜末煸香，加入葱花炒匀，装碗。
❺ 加入适量盐、白糖、白醋、生抽。
❻ 淋入芝麻油、辣椒油，拌匀，制成调味汁。
❼ 取出鸡肉，斩成块，装盘，浇入调味汁即成。

跟着做不会错：茼蒿鲜嫩可口，因此焯的时间不宜太长，以免破坏其脆嫩的口感。

茼蒿拌鸡丝

◉难易度：★★★　◉功效：降低血压

材料

鸡胸肉160克，茼蒿120克，彩椒50克，蒜末、熟白芝麻各少许

调料

盐3克，鸡粉2克，生抽7毫升，水淀粉、芝麻油、食用油各适量

做法

1. 将洗净的茼蒿切成段。
2. 洗好的彩椒切粗丝。
3. 洗净的鸡胸肉切薄片，再切成丝。
4. 把鸡肉丝放入碗中。
5. 加入少许盐、鸡粉，倒入水淀粉，拌匀上浆。
6. 再注入少许食用油，腌渍约10分钟，至食材入味。
7. 锅中注入适量水烧开，加入少许食用油、盐。
8. 倒入彩椒丝，再放入切好的茼蒿，搅拌一会儿，煮约半分钟。
9. 煮至食材断生后捞出，沥干水分，待用。
10. 沸水锅中倒入腌渍好的鸡肉丝，搅匀，略煮片刻。
11. 煮至鸡肉丝熟软后捞出，沥干水分，待用。
12. 取一个干净的碗，倒入焯熟的彩椒丝、茼蒿。
13. 放入余熟的鸡肉丝，撒上蒜末。
14. 加入盐、鸡粉，淋入生抽、芝麻油。
15. 快速搅拌一会儿，至食材入味。
16. 取一个干净的盘子，盛入拌好的菜肴，撒上熟白芝麻，摆好盘即成。

西芹鸡片

◉难易度：★★☆ ◉功效：清热解毒

■■材料

鸡胸肉170克，西芹100克，花生碎30克，葱花少许

■■调料

盐2克，鸡粉2克，料酒7毫升，生抽4毫升，辣椒油6毫升

做法

❶ 锅中注入适量水烧热，倒入洗净的鸡胸肉，淋入料酒。

❷ 盖上盖，烧开后用中火煮15分钟至熟。

❸ 揭开盖，捞出鸡肉，放凉待用。

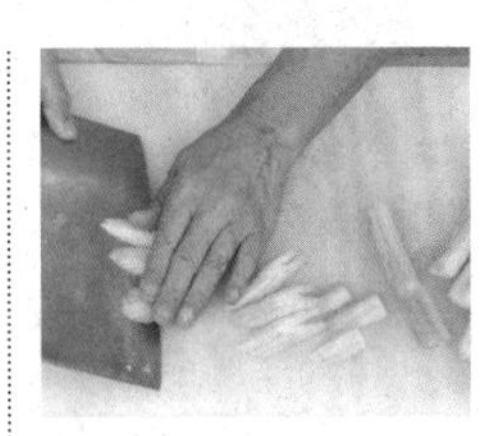

❹ 洗好的西芹用斜刀切段。

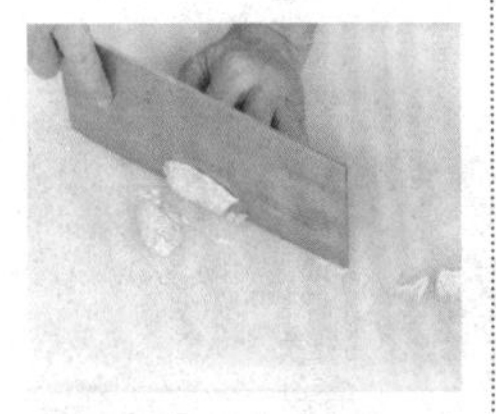

❺ 把放凉的鸡胸肉切成片。

❻ 锅中注入适量水烧开，倒入西芹，拌匀，煮至熟。

❼ 捞出西芹，沥干水分，待用。

❽ 取一个小碗，加入盐、鸡粉、生抽、辣椒油。

❾ 倒入花生碎，拌匀，撒上葱花，拌匀，调成味汁。

❿ 另取一个盘子，倒入西芹，摆放整齐，放入鸡肉，摆放好，浇上味汁即可。

Tips

跟着做不会错：西芹焯的时间不宜过长，否则会失去其香脆多汁的口感，营养成分也会损失更多。

苦瓜拌鸡片

◉难易度：★★☆　◉功效：益气补血

材料

苦瓜120克，鸡胸肉100克，彩椒25克，蒜末少许

调料

盐3克，鸡粉2克，生抽3毫升，食粉、黑芝麻油、水淀粉、食用油各适量

做法

❶ 洗净的苦瓜去籽，改切成片。
❷ 洗好的彩椒切成片。
❸ 洗净的鸡胸肉切成片。
❹ 将切好的鸡胸肉装入碗中，放入少许盐、鸡粉。
❺ 再加入水淀粉，拌匀。
❻ 加入少许食用油，腌渍10分钟。
❼ 锅中注水烧开，加入少许食用油，放入彩椒，煮片刻，捞出彩椒，沥干水分。
❽ 锅中加入食粉，放入苦瓜，煮至其断生，捞出苦瓜，沥干水分。
❾ 锅中注油烧热，倒入鸡肉片，搅匀，滑油至转色，捞出鸡肉片，沥干油。
❿ 取一个干净的大碗，倒入苦瓜，加入彩椒、鸡肉片，放入蒜末。
⓫ 加入盐、鸡粉，淋入生抽、黑芝麻油，拌至食材入味。
⓬ 将拌好的菜肴装入盘中即成。

跟着做不会错：苦瓜焯水时加入适量食用油，可使苦瓜的颜色更加鲜翠。

西芹拌鸡胗

◉难易度：★★☆ ◉功效：清热解毒

材料

鸡胗180克，西芹100克，红椒20克，蒜末少许

调料

料酒3毫升，鸡粉2克，辣椒油4毫升，芝麻油2毫升，盐、生抽、食用油各适量

跟着做不会错：西芹表面的老皮比较硬，可先用削皮器轻轻地刮去这层老皮，这样炒出来的西芹更脆嫩。

做法

❶ 洗净的西芹切成小块。

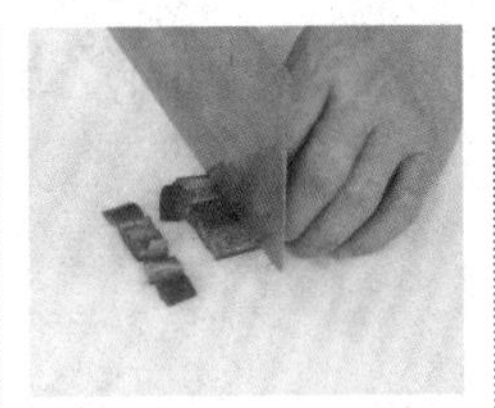

❷ 洗好的红椒切开，去籽，切成小块。

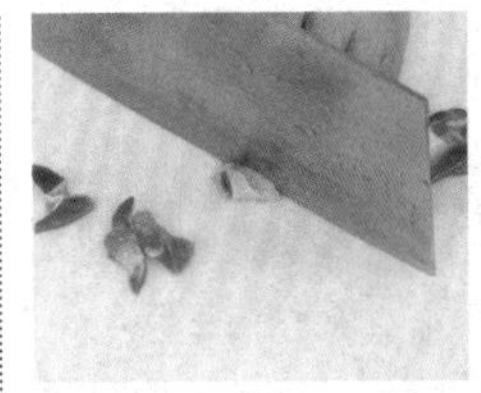

❸ 洗净的鸡胗切成小块。

❹ 锅中注水烧开，加入少许食用油、盐，放入西芹、红椒，煮至食材熟透。

❺ 将煮好的西芹和红椒捞出，备用。

❻ 再向沸水锅中淋入料酒和少许生抽，倒入洗净切好的鸡胗，搅拌均匀。

❼ 盖上盖，煮约5分钟，至鸡胗熟透。

❽ 揭开盖，把煮好的鸡胗捞出。

在焯煮西芹及红椒的时候要注意时间，食材刚断生即可捞出，若再煮上一段时间，食材的原味会大打折扣。

❾ 把西芹和红椒倒入碗中。

❿ 放入鸡胗、蒜末，加入盐、鸡粉，淋入生抽，倒入辣椒油、芝麻油。

⓫ 用筷子把碗中的食材搅拌匀，盛入盘中即可。

凉拌鸡胗

◉难易度：★☆☆ ◉功效：保肝护肾

材料

熟鸡胗100克，红椒10克，蒜末、葱花各少许

调料

盐3克，生抽3毫升，陈醋3毫升，鸡粉、芝麻油各适量

做法

1. 将洗净的熟鸡胗切成小片，装入盘中备用。
2. 将洗净的红椒切成圈，装入盘中备用。
3. 把鸡胗倒入碗中。
4. 放入红椒圈。
5. 加入盐，拌匀。
6. 加入鸡粉、生抽、陈醋。
7. 加入芝麻油，拌匀。
8. 加入蒜末、葱花，拌匀。
9. 将拌好的鸡胗盛出装盘即可。

凉拌鸡肝

◉难易度：★☆☆　◉功效：保护视力

材料

熟鸡肝150克，红椒15克，蒜末、葱花各少许

调料

盐3克，鸡粉少许，生抽5毫升，辣椒油5毫升

做法

1. 将熟鸡肝切成片，装入盘中备用。
2. 将洗净的红椒切成圈，备用。
3. 把鸡肝倒入碗中，加入红椒，蒜末、葱花。
4. 加入盐、鸡粉，淋入生抽、辣椒油。
5. 用筷子拌匀，调味后盛出做好的菜肴，装入盘中即可。

凉拌鸭舌

◉难易度：★☆☆ ◉功效：强身健体

材料

鸭舌200克，蒜末、葱花各少许

调料

盐6克，鸡粉4克，白糖4克，五香粉5克，料酒5毫升，辣椒油5毫升，老抽3毫升，芝麻油2毫升，生抽8毫升

做法

❶ 锅中倒入适量水，用大火烧开。
❷ 加入五香粉、2克鸡粉。
❸ 加入5毫升生抽、3克盐、料酒、老抽、白糖煮沸。
❹ 倒入处理好的鸭舌，盖上盖，小火煮10分钟。
❺ 揭盖，把煮好的鸭舌捞出，倒入碗中。
❻ 加入蒜末、葱花，再加剩余的盐、生抽、鸡粉。
❼ 加入辣椒油、芝麻油，拌匀，盛出装盘即可。

泡椒拌鸭胗

◉难易度：★☆☆ ◉功效：保肝护肾

材料

净鸭胗250克，泡小米椒30克，朝天椒20克，姜片10克，蒜末、葱花各少许

调料

盐3克，鸡粉少许，料酒3毫升，辣椒油、生抽、芝麻油各适量

做法

1. 锅中倒入适量水，放入姜片、鸭胗、少许盐、料酒。
2. 盖盖，水烧开后小火煮8分钟。
3. 揭盖，把鸭胗捞出，凉凉。
4. 洗净的朝天椒切成圈。
5. 把鸭胗切成小片。
6. 鸭胗装碗，放入朝天椒。
7. 放入泡小米椒、蒜末、葱花。
8. 加入生抽、盐、鸡粉、辣椒油、芝麻油，用筷子拌匀。
9. 将菜肴盛出装盘即可。

跟着做不会错：宜用流动的水冲洗鸭脖，再加少许料酒、生抽腌渍约30分钟后再汆水，能很好地去腥。

家常拌鸭脖

◉难易度：★★★　◉功效：开胃消食

材料

鸭脖200克，姜片20克，胡萝卜30克，香菜20克，蒜末少许

调料

鸡粉2克，生抽、陈醋、芝麻油、辣椒油、料酒、精卤水各适量

做法

❶ 香菜切成小段；去皮洗净的胡萝卜切成丝。
❷ 锅中加水烧开，放入姜片，淋入料酒。
❸ 再放入处理干净的鸭脖，搅拌匀，煮约3分钟，氽去血渍。
❹ 捞出锅中的材料，沥干，放在盘中待用。
❺ 另起锅，倒入精卤水，煮沸。
❻ 放入煮过的鸭脖、姜片，加上锅盖，用小火卤制约15分钟至入味。
❼ 揭下盖子，捞出卤好的鸭脖，沥干卤水，放在盘中，凉凉。
❽ 把放凉后的鸭脖切成小块。
❾ 另起锅，倒入适量水，大火烧开。
❿ 再放入胡萝卜丝，煮约半分钟至断生。
⓫ 捞出沥干水分，盛放在盘中，待用。
⓬ 把切好的鸭脖倒入碗中，放入蒜末。
⓭ 倒入胡萝卜丝、香菜段，倒上生抽、陈醋、鸡粉，淋上辣椒油、芝麻油。
⓮ 拌约1分钟至入味，盛入盘中，摆好盘即成。

炝拌鸭肝双花

◉难易度：★★☆ ◉功效：防癌抗癌

材料

西蓝花230克，花菜260克，卤鸭肝150克，蒜末、葱花各少许

调料

生抽3毫升，鸡粉3克，陈醋10毫升，盐2克，芝麻油7毫升，食用油适量

做法

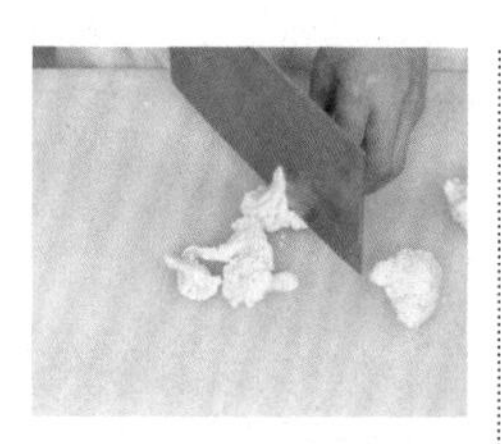

❶ 洗净的花菜切去根部，切成小朵；洗好的西蓝花切成小朵；卤鸭肝切成薄片。

❷ 锅中注入适量水烧开，加入食用油，加少许鸡粉、盐。

❸ 倒入花菜，搅散，煮半分钟至其断生。

❹ 放入西蓝花，搅匀，煮约1分钟至食材熟软。

❺ 捞出焯好的食材，沥干备用。

❻ 取一个碗，放入西蓝花、花菜。

❼ 放入鸭肝，撒上蒜末、葱花。

❽ 加入生抽、盐、鸡粉，淋入芝麻油。

❾ 倒入陈醋，搅拌匀至食材入味。

❿ 将拌好的菜肴装入盘中即可。

Tips

跟着做不会错：卤鸭肝本身有咸味，所以盐不要放太多，以免过咸而影响口感。

蛋丝拌韭菜

◉难易度：★★☆ ◉功效：开胃消食

材料

韭菜80克，鸡蛋1个，生姜15克，白芝麻、蒜末各适量

调料

白糖1克，鸡粉1克，生抽、香醋、花椒油、芝麻油、辣椒油、食用油各适量

做法

❶ 锅中注水烧开，倒入洗净的韭菜，焯一会儿至断生，捞出韭菜。
❷ 备好砧板，放上焯好的韭菜，稍放凉后将其切成小段。
❸ 洗净的生姜切成末。
❹ 取一碗，打入鸡蛋，搅散。
❺ 用油起锅，倒入蛋液，煎约2分钟。
❻ 翻面，煎至两面微焦。
❼ 将煎好的蛋皮放在砧板上，边缘修整齐，切成丝，装碗。
❽ 取一碗，倒入姜末、蒜末。
❾ 加入生抽、白糖、鸡粉、香醋、花椒油、辣椒油、芝麻油，拌匀，制成酱汁。
❿ 取一碗，倒入韭菜、蛋丝，拌匀。
⓫ 淋上酱汁，拌匀。
⓬ 将拌好的菜肴摆在盘中，浇上剩余酱汁，撒上白芝麻即可。

Tips

跟着做不会错：韭菜焯的时间不宜过长，2分钟左右即可。

跟着做不会错：搅蛋液前加入少许水淀粉，可使炒好的蛋皮色泽更通透。

三色拌菠菜

◉难易度：★★☆　◉功效：降低血压

材料

水发粉丝200克，菠菜150克，鸡蛋60克，姜末、蒜末各少许

工具

盐3克，鸡粉3克，陈醋7毫升，芝麻油、食用油各适量

做法

❶ 鸡蛋打开，倒入碗中，搅散、调匀，制成蛋液。

❷ 洗净的粉丝切成段；洗好的菠菜去除根部，再切成小段。

❸ 煎锅加油烧热，放入蛋液，摊开、铺匀。

❹ 煎至其呈薄饼的形状，再用小火煎一会儿，至蛋皮熟透。

❺ 关火后取出煎好的蛋皮，放在碗中，凉凉后切成细丝。

❻ 锅中注入适量水烧开，加入少许盐、鸡粉，再淋入少许食用油。

❼ 放入切好的粉丝，焯一会儿，至食材断生后捞出，沥干备用。

❽ 再放入菠菜，搅匀，煮约1分钟，至其变软后捞出，沥干备用。

❾ 取一个干净的碗，倒入菠菜，放入粉丝。

❿ 撒上蒜末、姜末，放入蛋皮丝。

⓫ 加入盐、鸡粉，倒入陈醋，淋入适量芝麻油，拌至食材入味。

⓬ 取一个盘子，盛入才菜肴，摆好盘即成。

皮蛋拌豆腐

◉难易度：★☆☆ ◉功效：增强免疫力

材料

皮蛋2个，豆腐200克，蒜末、葱花各少许

调料

盐2克，鸡粉2克，陈醋3毫升，红油6毫升，生抽3毫升

做法

❶ 洗好的豆腐切成厚片，再切成条，改切成小块。
❷ 去皮的皮蛋切成瓣，摆入盘中，备用。
❸ 取一个碗，倒入蒜末、部分葱花。
❹ 加入盐、鸡粉、生抽。
❺ 再淋入陈醋、红油，调匀，制成味汁。
❻ 将切好的豆腐放在皮蛋上。
❼ 浇上调好的味汁，撒上余下的葱花即可。

红椒茄子拌皮蛋

◉难易度：★★☆ ◉功效：清热解毒

材料

茄子150克，皮蛋2个，红椒15克，蒜末、葱花各少许

调料

盐3克，陈醋6毫升，生抽7毫升，芝麻油、辣椒油、食用油各适量

做法

❶ 洗净的茄子切成条。
❷ 洗净的红椒去籽，切成粒。
❸ 皮蛋去壳，切成小瓣，摆盘。
❹ 热锅注油，烧至五成热，倒入茄子，炸约1分钟，捞出。
❺ 将茄子装碗，放入红椒粒。
❻ 放入蒜末、葱花。
❼ 加入盐、陈醋、生抽。
❽ 倒入芝麻油、辣椒油，拌匀。
❾ 将拌好的食材倒入摆有皮蛋的盘中即可。

皮蛋拌豆腐丝

◉难易度：★★☆　◉功效：开胃消食

材料

皮蛋1个，干豆腐150克，红椒15克，蒜末、葱花各少许

调料

盐6克，鸡粉2克，陈醋、生抽、辣椒油、芝麻油、食用油各适量

跟着做不会错：在拌皮蛋时加入陈醋，既能杀菌，又能中和皮蛋的部分碱性，吃起来味道也会更好。

做法

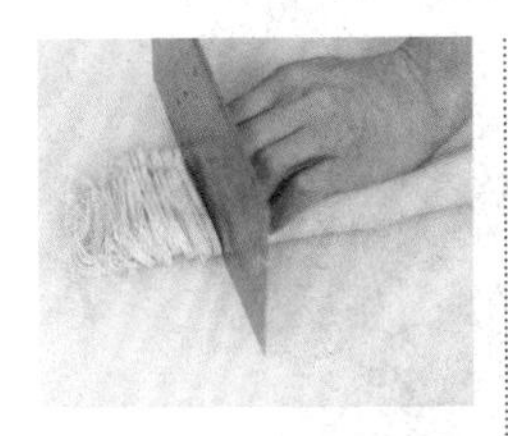

❶ 将干豆腐切成方片，改切成丝。

❷ 将洗净的红椒切成细圈。

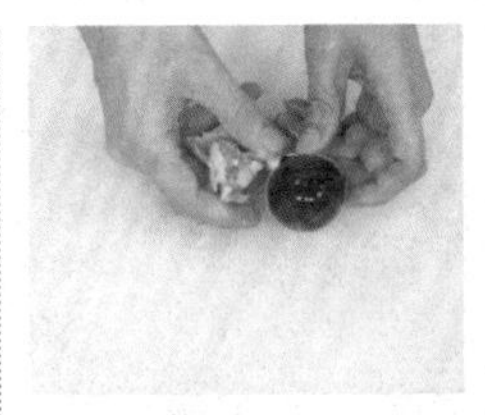

❸ 将皮蛋剥去外壳。

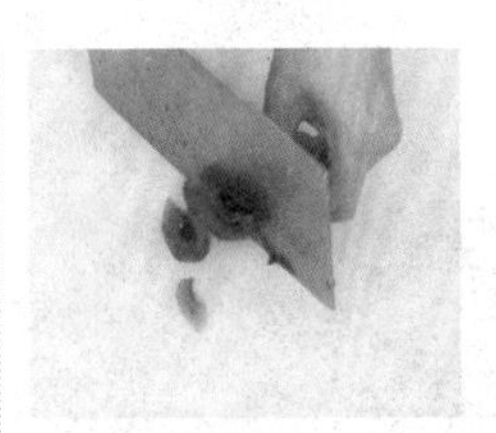

❹ 再将皮蛋切成瓣。

❺ 锅中倒入适量水烧开，加适量食用油，加少许盐。

将食材焯水时加入少许食用油、盐，有利于锁住油及水分，使口感更佳。

❻ 放入干豆腐丝、红椒，煮1分钟至熟。

❼ 把煮好的干豆腐丝和红椒捞出。

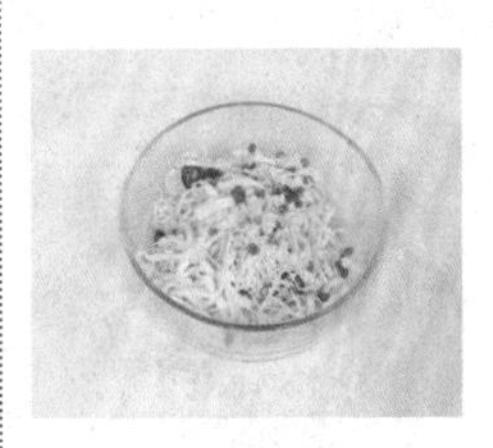

❽ 取一个干净的碗，将捞出的材料装碗，加入蒜末、葱花。

❾ 加盐、鸡粉，淋入辣椒油、芝麻油、陈醋、生抽。

❿ 用筷子充分拌匀，至食材入味。

⓫ 将豆腐丝装盘，围上皮蛋即可。

粉皮皮蛋

◉难易度：★☆☆　◉功效：开胃消食

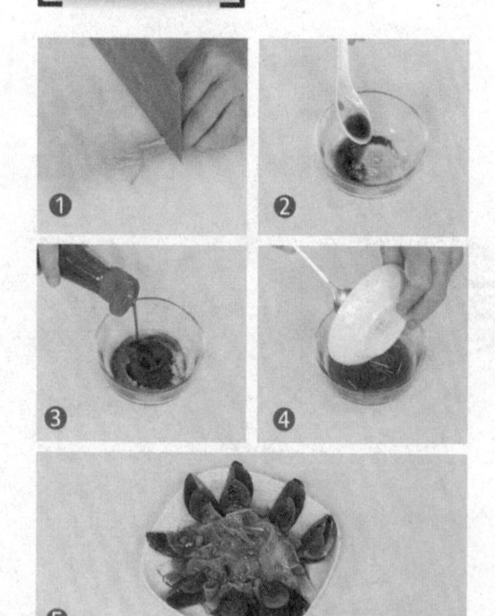

材料

水发粉皮180克，皮蛋140克，葱花、香菜各少许

调料

盐1克，鸡粉1克，生抽3毫升，花椒油2毫升，陈醋4毫升，辣椒油10毫升，芝麻酱少许

做法

❶ 洗净的香菜切小段；去壳的皮蛋切小瓣。

❷ 取一个小碗，加入芝麻酱、盐、鸡粉、生抽。

❸ 淋入花椒油、陈醋、辣椒油，拌匀。

❹ 倒入香菜、葱花，拌匀，调成味汁，待用。

❺ 另取一个盘子，盛入粉皮，放入皮蛋，浇上味汁即可。

Part 4

鲜香水产

水产品的营养价值相当高，含有丰富的蛋白质、无机盐和维生素。那么，怎样才能把这些营养丰富的水产品做成美味可口的佳肴呢？

本部分我们精选了多道以水产品为主料的菜肴，其中，有鲜美的香干拌小鱼干，有香辣的青红椒拌鱿鱼丝，还有百吃不厌的老醋海蜇，等等，让你不上餐馆，在家里就能烹出地道的美食。

跟着做不会错：带鱼适合用植物油煎炸，不宜用牛、羊油煎炸。

红油带鱼

◉难易度：★★☆ ◉功效：增强免疫力

材料

带鱼350克，青椒、红椒各10克，蒜末、葱花各少许

调料

盐4克，鸡粉3克，生抽3毫升，陈醋2毫升，辣椒油5毫升，芝麻油2毫升，料酒、生粉、食用油各适量

做法

❶ 红椒切圈，备用。
❷ 青椒切圈，备用。
❸ 将处理干净的带鱼切成2厘米长的段。
❹ 将带鱼装入盘中。
❺ 加少许盐、鸡粉，淋入料酒，拌匀。
❻ 加生粉，将鱼块蘸滚均匀，腌渍10分钟。
❼ 把带鱼放入烧至六成热的油锅中，炸3分钟至熟。
❽ 把炸熟的带鱼捞出，凉凉，备用。
❾ 把带鱼倒入碗中。
❿ 再倒入蒜末、葱花、青椒和红椒。
⓫ 加入盐、鸡粉、生抽、陈醋。
⓬ 再加入辣椒油、芝麻油。
⓭ 用小汤匙拌匀。
⓮ 将菜肴盛出装盘即可。

跟着做不会错：小鱼干在炸制前应用水多泡几次，以去除多余的盐分和杂质。

香干拌小鱼干

◉难易度：★★☆　◉功效：清热解毒

材料

攸县香干150克，小鱼干100克，红椒15克，香菜5克，蒜末、葱花各少许

调料

盐6克，鸡粉、生抽、辣椒油、芝麻油、食用油各适量

做法

❶ 将香干切成片，再切成条。
❷ 洗净的红椒切段，切开，去籽。
❸ 再将红椒切成丝。
❹ 洗净的香菜切成小段。
❺ 锅中倒入适量水烧开，加3克盐。
❻ 放入香干，煮1分钟。
❼ 倒入红椒丝，再煮片刻。
❽ 把煮好的香干和红椒丝捞出。
❾ 热锅注油，烧至四成热，倒入小鱼干炸至熟。
❿ 把炸好的小鱼干捞出。
⓫ 将小鱼干装入碗中，倒入香干、红椒。
⓬ 放入蒜末、葱花。
⓭ 加入盐、鸡粉、生抽。
⓮ 再淋入辣椒油、芝麻油。
⓯ 用筷子拌匀至入味。
⓰ 将拌好的菜肴装盘即成。

炝拌小银鱼

◉难易度：★★☆　◉功效：保肝护肾

材料

水发小银鱼100克，辣椒粉5克，蒜末、葱花各少许

调料

盐2克，生抽3毫升，鸡粉、食用油各适量

做法

❶ 热锅注油，烧至五成热，放入小银鱼，炸约半分钟。

❷ 将炸好的小银鱼捞出备用。

❸ 锅底留油，倒入蒜末、辣椒粉爆香。

❹ 加入盐、鸡粉。

❺ 再倒入生抽，炒匀调味，制成味汁。

❻ 将炒好的味汁盛入碟中。

❼ 将炸好的小银鱼装入碗中。

❽ 放入味汁，撒入少许葱花。

❾ 用筷子将碗中食材拌匀至入味。

❿ 将拌好的菜肴盛出，装盘即可。

Tips

跟着做不会错：炸小银鱼时，要控制好时间和油温，以免炸焦，影响成品外观和口感。

跟着做不会错：鱿鱼的腌渍时间可适当长一些，这样能减轻其腥味。

蒜薹拌鱿鱼

◉难易度：★★☆　◉功效：保肝护肾

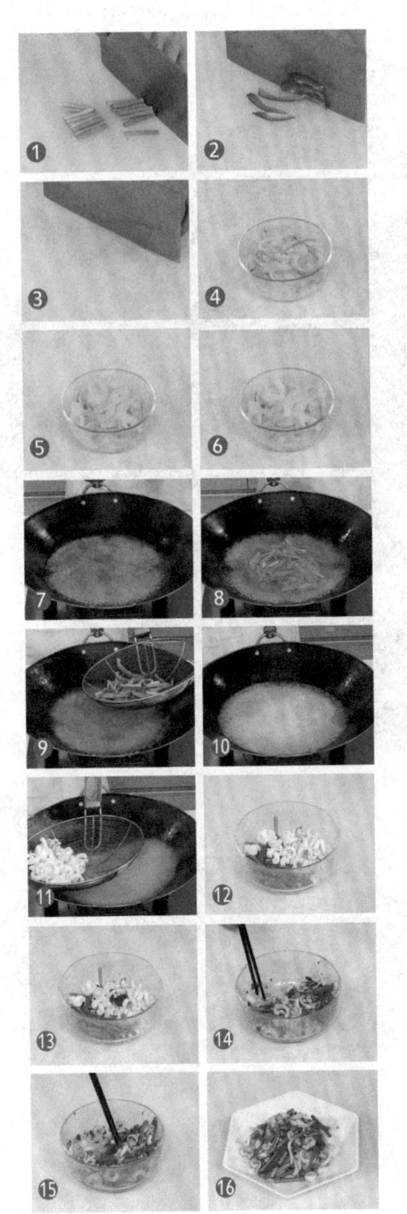

材料

鱿鱼肉200克，蒜薹120克，彩椒45克，蒜末少许

调料

豆瓣酱8克，盐3克，鸡粉2克，生抽4毫升，料酒5毫升，辣椒油、芝麻油、食用油各适量

做法

❶ 将洗净的蒜薹切小段。

❷ 洗好的彩椒切粗丝。

❸ 处理干净的鱿鱼肉切块，再切粗丝。

❹ 把鱿鱼丝装入碗中，加入少许盐、鸡粉。

❺ 淋入料酒，拌匀，去除腥味。

❻ 腌渍约10分钟，至其入味。

❼ 锅中注入适量水烧开，放入适量食用油。

❽ 倒入切好的蒜薹、彩椒，再加入少许盐，搅拌匀。

❾ 用大火焯约半分钟，至材料断生后捞出，沥干水分，待用。

❿ 沸水锅中再倒入腌渍好的鱿鱼丝，搅拌匀。

⓫ 汆约1分钟，捞出煮好的鱿鱼，沥干水分，待用。

⓬ 将焯熟的蒜薹和彩椒都倒入碗中，再放入汆熟的鱿鱼丝。

⓭ 加入盐、鸡粉，放入豆瓣酱，撒上蒜末。

⓮ 淋入辣椒油、生抽，搅拌匀。

⓯ 倒入适量芝麻油，快速搅拌匀，至食材入味。

⓰ 取一个干净的盘子，盛入拌好的菜肴即成。

跟着做不会错：切鱿鱼丝时，不要切得太细，因为鱿鱼丝氽水后会缩小。

青红椒拌鱿鱼丝

◉难易度：★★☆　◉功效：益气补血

材料

鱿鱼100克，青椒20克，红椒30克，姜末、蒜末各少许

调料

盐3克，鸡粉1克，辣椒油、芝麻油、食用油各适量

做法

❶ 洗净的青椒去蒂，切开，去籽，再切成丝。
❷ 洗净的红椒去蒂，切开，去籽，再切成丝。
❸ 把处理干净的鱿鱼切成丝。
❹ 将青椒、红椒和鱿鱼分别装盘备用。
❺ 锅中倒入适量水烧开，加入适量食用油。
❻ 倒入切好的青椒和红椒，煮半分钟至熟。
❼ 将煮好的青椒和红椒捞出，备用。
❽ 把鱿鱼丝倒入沸水锅中，煮半分钟至熟。
❾ 把煮好的鱿鱼丝捞出。
❿ 取一个干净的碗，倒入鱿鱼丝。
⓫ 放入青椒和红椒。
⓬ 倒入姜末、蒜末，加入盐、鸡粉，再淋入辣椒油、芝麻油。
⓭ 用筷子拌匀调味。
⓮ 将菜肴盛出装盘即可。

跟着做不会错：鱿鱼应煮熟透后再食，因为鲜鱿鱼中含有多肽，若未煮透就食用，易导致肠运动失调。

鱿鱼拌凉粉

◉难易度：★★☆　◉功效：美容养颜

材料

鱿鱼100克，凉粉200克，青椒、红椒各17克，香菜、蒜末各少许

调料

盐3克，鸡粉2克，陈醋6毫升，生抽、辣椒油、食用油各适量

做法

❶ 将洗净的青椒去蒂，切成两段，去籽，再切成丝。

❷ 把洗净的红椒去蒂，切成两段，去籽，再切成丝。

❸ 把凉粉切长方块，再改切成薄片。

❹ 把处理干净的鱿鱼切成丝。

❺ 锅中倒入适量水烧开，加入食用油、少许盐。

❻ 倒入凉粉，煮半分钟至熟。

❼ 把煮好的凉粉捞出，备用。

❽ 将青椒和红椒倒入沸水锅中，焯片刻。

❾ 把焯好的青椒和红椒捞出。

❿ 把鱿鱼丝倒入沸水锅中，煮半分钟至熟。

⓫ 将煮熟的鱿鱼丝捞出。

⓬ 取一个干净的碗，倒入凉粉、鱿鱼丝，放入青椒丝、红椒丝、蒜末。

⓭ 加入盐、鸡粉。

⓮ 再加入陈醋、生抽、辣椒油。

⓯ 用筷子拌匀。

⓰ 将拌制好的菜肴装入盘中，放上少许香菜即可。

跟着做不会错：鱿鱼汆水的时间不宜太长，以免炒的时候肉质变老。

椒油鱿鱼卷

◉难易度：★☆☆　◉功效：益气补血

材料

鱿鱼肉135克，西芹95克，红椒20克

调料

盐2克，鸡粉2克，芝麻油6毫升

做法

1. 洗好的西芹用斜刀切段。
2. 洗净的红椒切开，用斜刀切块。
3. 洗好的鱿鱼肉切网格花刀，再切小块。
4. 锅中注入适量水，用大火烧开，倒入西芹，略煮。
5. 放入红椒片，煮至断生。
6. 捞出材料，沥干水分，待用。
7. 沸水锅中倒入鱿鱼，煮至鱿鱼肉卷起。
8. 捞出鱿鱼，沥干水分，待用。
9. 取一个大碗，倒入西芹、红椒、鱿鱼。
10. 加入盐、鸡粉、芝麻油。
11. 拌匀，至食材入味。
12. 将拌好的菜肴盛入盘中即可。

青椒鱿鱼丝

◉难易度：★☆☆　◉功效：开胃消食

材料

鱿鱼肉140克，青椒90克，红椒25克

调料

料酒4毫升，盐2克，鸡粉1克，生抽3毫升，辣椒油5毫升，芝麻油4毫升，陈醋6毫升，花椒油3毫升

做法

❶ 洗好的青椒切开，去籽，切粗丝。
❷ 洗净的红椒切开，去籽，切粗丝。
❸ 处理好的鱿鱼肉切粗丝，备用。
❹ 锅中注入适量水烧开，淋入备好的料酒。
❺ 倒入鱿鱼，拌匀，煮至断生。
❻ 捞出材料，沥干水分，装盘待用。
❼ 沸水锅中倒入青椒、红椒，焯至断生。
❽ 捞出材料，沥干水分，待用。
❾ 将鱿鱼肉倒入碗中，加入青椒、红椒，拌匀。
❿ 加入盐、鸡粉、生抽、辣椒油、芝麻油、陈醋、花椒油。
⓫ 拌匀，至食材入味。
⓬ 取一个盘子，盛入拌好的菜肴，摆好盘即可。

跟着做不会错：鱿鱼汆的时间不宜过长，以免影响口感。

拌鱿鱼丝

◉难易度：★☆☆　◉功效：益气补血

材料

鱿鱼肉120克，黄瓜160克

调料

盐1克，鸡粉1克，料酒4毫升，生抽3毫升，花椒油3毫升，辣椒油5毫升，陈醋4毫升

做法

1. 洗净的黄瓜切成细丝，装盘待用。
2. 洗好的鱿鱼肉切粗丝。
3. 锅中清水烧开，加入料酒，倒入鱿鱼煮熟透。
4. 捞出鱿鱼，放入装有黄瓜的盘中，备用。
5. 取一个小碗，加入盐、鸡粉、生抽、花椒油、辣椒油、陈醋。
6. 拌匀，调成味汁。
7. 将味汁浇在食材上即可。

辣拌泥鳅

◉难易度：★★☆ ◉功效：益气补血

材料

泥鳅300克，干辣椒5克，蒜末、葱花各少许

调料

盐2克，鸡粉1克，辣椒酱10克，生抽4毫升，生粉、食用油各适量

做法

1. 泥鳅装入盘中，撒上生粉。
2. 搅拌，使泥鳅均匀蘸上生粉。
3. 热锅注油，烧至七成热，放入泥鳅，炸3分钟。
4. 把炸好的泥鳅捞出。
5. 用油起锅，倒入干辣椒、蒜末爆香。
6. 加入盐、鸡粉、辣椒酱、生抽，炒匀，放入葱花，炒匀。
7. 盛出香料，把泥鳅倒入碗中。
8. 倒入炒好的香料，拌匀。
9. 将菜肴盛出装盘即可。

老醋海蜇

◉难易度：★☆☆ ◉功效：降低血压

材料

水发海蜇90克，黄瓜100克，彩椒50克，蒜末、葱花各少许

调料

白糖4克，盐少许，陈醋6毫升，芝麻油2毫升

做法

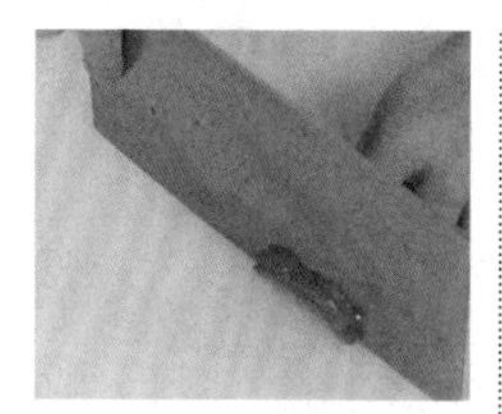

❶ 洗好的彩椒切条。

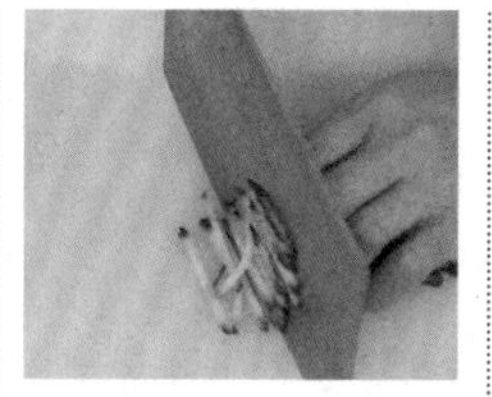

❷ 洗净的黄瓜切片，改切成条。

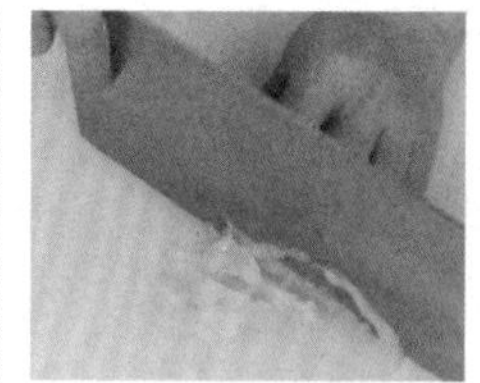

❸ 洗好的海蜇切条，备用。

❹ 锅中注入适量水，大火烧开，放入切好的海蜇，煮2分钟至其断生。

❺ 放入切好的彩椒，略煮片刻。

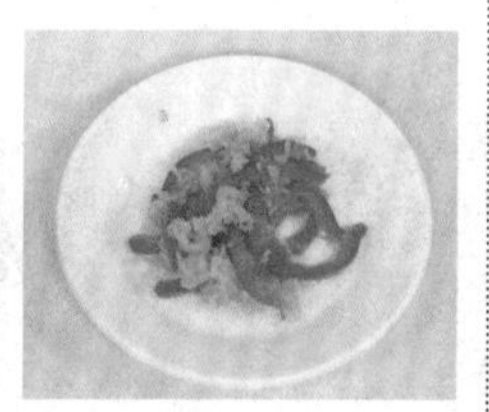

❻ 将海蜇和彩椒捞出，沥干水分，待用。

❼ 把黄瓜倒入碗中，放入焯过水的海蜇和彩椒。

❽ 放入蒜末、葱花。

❾ 加入备好的陈醋、盐、白糖、芝麻油，拌匀。

❿ 将拌好的食材盛出，装入盘中即可。

跟着做不会错：海蜇本身就带有咸味，调味时可以适量少放些盐。

紫甘蓝拌海蜇丝

◉难易度：★☆☆ ◉功效：开胃消食

材料

紫甘蓝160克，蒜末少许，白菜160克，水发海蜇丝30克，香菜20克

调料

盐2克，鸡粉2克，白糖3克，芝麻油8毫升，陈醋10毫升

做法

❶ 洗净的白菜切段，改切成细丝。
❷ 洗好的紫甘蓝切成细丝。
❸ 洗净的香菜切成碎末。
❹ 锅中注入适量水烧开，再加入少许盐。
❺ 再倒入备好的海蜇丝，拌匀，煮约1分钟。
❻ 煮至海蜇丝断生后捞出，沥干其水分，备用。
❼ 沸水锅中倒入白菜、紫甘蓝，拌匀，煮半分钟，捞出，备用。
❽ 取出一个大碗，倒入焯过水的白菜、紫甘蓝，再加入盐、鸡粉、白糖。
❾ 淋入芝麻油、陈醋。
❿ 撒上蒜末、香菜，搅拌均匀。
⓫ 倒入海蜇丝，搅拌均匀至入味。
⓬ 将拌好的菜肴装入盘中即可。

跟着做不会错：海蜇丝汆水后要立即过凉水，否则会缩得很厉害。

HELLO KITTY

跟着做不会错：西芹不易熟，因此在焯水时可以适当多煮一会儿。

黑木耳拌海蜇丝

◉难易度：★★☆　◉功效：降低血压

材料

水发黑木耳40克，水发海蜇120克，胡萝卜80克，西芹80克，香菜20克，蒜末少许

调料

盐1克，鸡粉2克，白糖4克，陈醋6毫升，芝麻油2毫升，食用油适量

做法

❶ 洗净去皮的胡萝卜切片，再切成丝。
❷ 洗好的黑木耳切成小块。
❸ 洗净的西芹切成段，再切成丝。
❹ 洗好的香菜切成末。
❺ 洗净的海蜇切块，改切成丝。
❻ 锅中注入适量水烧开，放入洗净的海蜇丝，煮约2分钟。
❼ 放入切好的胡萝卜、黑木耳，搅拌匀，淋入食用油，再煮1分钟。
❽ 再放入西芹，略煮一会儿。
❾ 把煮熟的食材捞出，沥干水分。
❿ 将煮好的食材装入一个碗中，放入蒜末、香菜。
⓫ 加入白糖、盐、鸡粉、陈醋，淋入芝麻油，拌匀。
⓬ 把拌好的菜肴盛出，装入盘中即可。

芝麻苦瓜拌海蜇

◉难易度：★☆☆ ◉功效：降低血压

材料

苦瓜200克，海蜇丝100克，彩椒40克，熟白芝麻10克

调料

鸡粉2克，白糖3克，盐少许，陈醋5毫升，芝麻油2毫升，食用油适量

做法

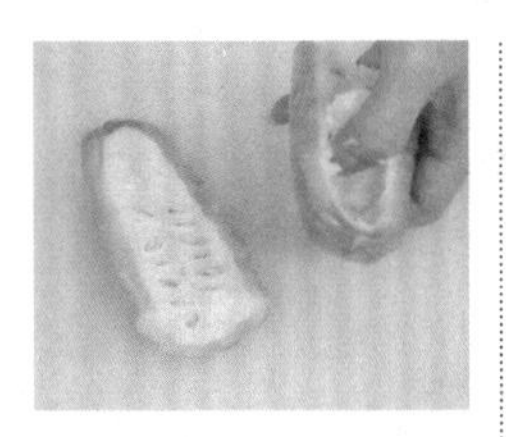

❶ 洗净的苦瓜对半切开，去籽。

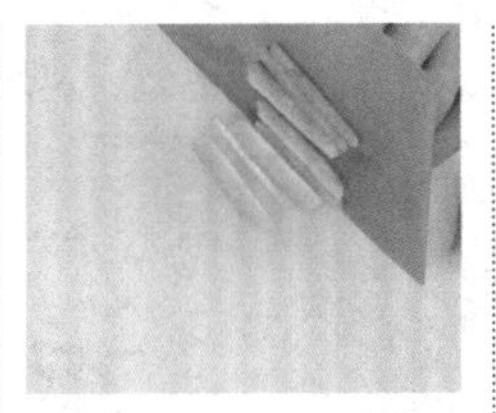

❷ 用刀将苦瓜切成段，改切成条。

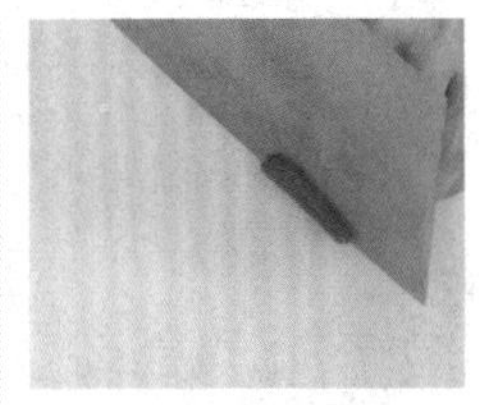

❸ 洗净的彩椒切片，再切成条。

❹ 锅中注入适量水烧开，倒入洗净的海蜇丝，搅散。

❺ 放入适量食用油，煮1分钟。

❻ 加入苦瓜，再放入彩椒，拌匀，煮1分钟，至其断生。

❼ 捞出焯好的食材，沥干水分。

❽ 把焯过水的食材装入碗中，放入盐、鸡粉、白糖。

❾ 淋入陈醋、芝麻油，拌匀调味。

❿ 将拌好的食材装入盘中，撒上熟白芝麻即可。

跟着做不会错：苦瓜去籽后可以再将里面白色的瓤刮掉，这样可以降低苦瓜的苦味。

海蜇豆芽拌韭菜

◉难易度：★☆☆ ◉功效：降低血压

材料

水发海蜇丝120克，黄豆芽90克，韭菜100克，彩椒40克

调料

盐2克，鸡粉2克，芝麻油2毫升，食用油适量

做法

❶ 洗净的彩椒切成条。
❷ 洗好的韭菜切成段。
❸ 洗净的黄豆芽切成段，备用。
❹ 锅中注入适量水烧开，倒入洗好的海蜇丝，煮约2分钟。
❺ 放入黄豆芽、食用油，煮1分钟。
❻ 放入切好的彩椒、韭菜，搅拌匀，再煮半分钟。
❼ 把所有食材捞出，沥干水分。
❽ 将煮好的食材装入碗中，加入盐、鸡粉、芝麻油，搅拌均匀。
❾ 盛出所有食材，装盘即可。

心里美拌海蜇

◉难易度：★☆☆　◉功效：降低血压

材料

海蜇丝100克，心里美萝卜200克，蒜末少许

调料

盐、鸡粉各少许，白糖3克，陈醋4毫升，芝麻油2毫升

做法

❶ 洗净去皮的心里美萝卜切片，改切成丝，备用。
❷ 锅中注入适量水烧开，倒入洗净的海蜇丝，煮1分钟。
❸ 加入心里美萝卜，搅拌匀，再煮1分钟。
❹ 捞出焯好的食材，沥干水分。
❺ 把焯过水的食材装入碗中，放入蒜末。
❻ 加入盐、鸡粉、白糖。
❼ 淋入陈醋、芝麻油，拌匀调味，装入盘中即可。

海米拌三脆

◉难易度：★☆☆　◉功效：安神助眠

材料

莴笋140克，黄瓜120克，水发木耳50克，水发海米30克，红椒片少许

调料

盐2克，鸡粉1克，白糖3克，芝麻油4毫升

做法

❶ 洗净去皮的莴笋用斜刀切段，再切菱形片。
❷ 洗好的黄瓜用斜刀切菱形片。
❸ 洗净的木耳切小块。
❹ 锅中注入适量水烧开，倒入木耳，煮至断生。
❺ 捞出木耳，沥干水分，待用。
❻ 沸水锅中倒入海米，拌匀，汆去多余盐分。
❼ 捞出海米，沥干水分，待用。
❽ 取一个碗，倒入莴笋、黄瓜、木耳，加入盐。
❾ 拌匀，腌渍约2分钟。
❿ 再倒入海米、红椒片，加入鸡粉、白糖、芝麻油。
⓫ 拌匀，至食材入味。
⓬ 将拌好的菜肴盛入盘中即可。

跟着做不会错：泡海米的水味道很鲜，可以留着，在烧菜的时候用。

上海青拌海米

◉难易度：★☆☆ ◉功效：增强免疫力

材料

上海青125克，熟海米35克，姜末、葱末各少许

调料

盐2克，白糖2克，陈醋10毫升，鸡粉2克，芝麻油8毫升，食用油适量

做法

❶ 洗净的上海青切去根部，再切成两段。

❷ 锅中注入适量水烧开，放入上海青梗，淋入食用油，煮至断生。

❸ 放入菜叶，拌匀，煮至软。

❹ 捞出焯好的上海青，沥干水分，待用。

❺ 取一个碗，倒入上海青，撒上姜末、葱末。

❻ 放入盐、白糖、陈醋、鸡粉、芝麻油，拌匀。

❼ 加入熟海米，搅拌均匀，装入盘中即可。

尖椒虾皮

◉难易度：★☆☆　◉功效：补钙

材料

红椒25克，青椒50克，虾皮35克，葱花少许

调料

盐2克，鸡粉1克，辣椒油6毫升，芝麻油4毫升，陈醋4毫升，生抽5毫升

做法

❶ 洗好的青椒切成粒。

❷ 洗净的红椒切成粒，装入盘中，待用。

❸ 取一个小碗，加入盐、鸡粉、辣椒油、芝麻油、陈醋、生抽。

❹ 拌匀，调成味汁。

❺ 另取一个大碗，倒入青椒、红椒、虾皮。

❻ 撒上葱花，倒入味汁，拌至食材入味。

❼ 将拌好的菜肴盛入盘中即可。

韭菜拌虾仁

◉难易度：★☆☆　◉功效：保肝护肾

材料

韭菜150克，红椒15克，虾仁50克

调料

盐4克，鸡粉2克，生抽4毫升，芝麻油2毫升，食用油适量

做法

1. 将洗净的韭菜切成3厘米长的段，备用。
2. 红椒去籽，切段，再切成丝，备用。
3. 锅中加适量水烧开，加食用油，放入少许盐。
4. 倒入韭菜、红椒，煮半分钟。
5. 把煮好的韭菜、红椒捞出，凉凉，备用。
6. 锅中另加水烧开，放入洗净的虾仁，煮1分钟至熟。
7. 把煮好的虾仁捞出。
8. 把韭菜和红椒倒入碗中。
9. 倒入虾仁，加盐、鸡粉。
10. 再加入生抽、芝麻油。
11. 用筷子拌匀入味。
12. 盛出装盘即可。

跟着做不会错：韭菜焯水的时间不宜过长。

白菜拌虾干

◉难易度：★☆☆　◉功效：增强免疫力

材料

白菜梗140克，虾米65克，蒜末、葱花各少许

调料

盐2克，鸡粉2克，生抽4毫升，陈醋5毫升，芝麻油、食用油各适量

做法

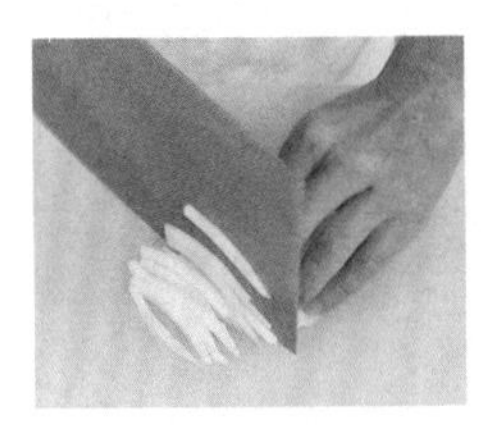

❶ 将洗净的白菜梗切成细丝。

❷ 热锅注油，烧至四五成热。

❸ 放入备好的虾米，拌匀，炸约2分钟，炸至虾米熟透。

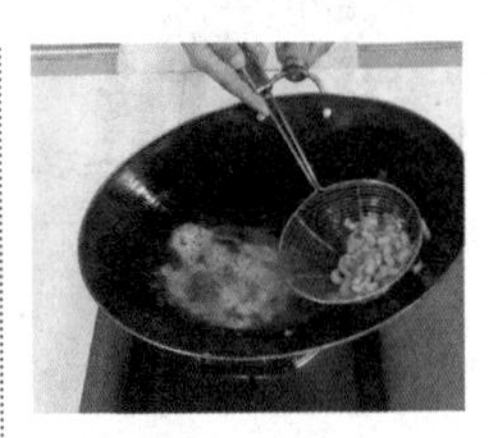

❹ 捞出虾米，沥干油，待用。

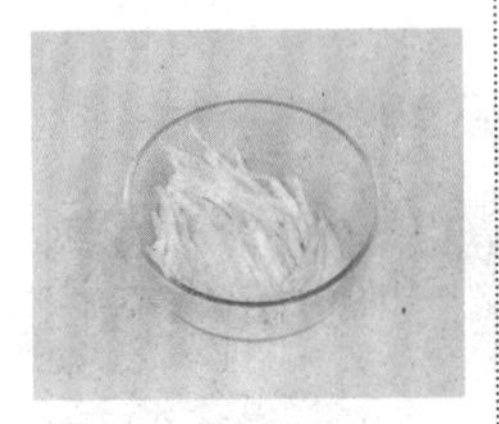

❺ 取一大碗，倒入切好的白菜梗。

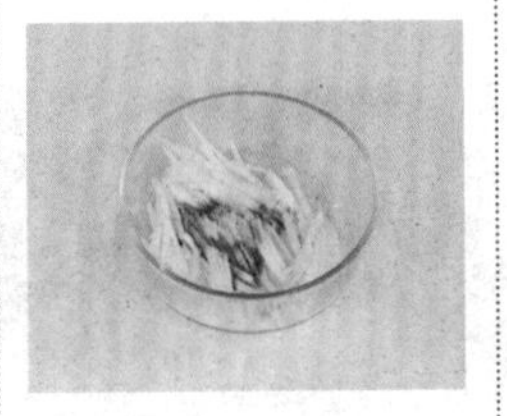

❻ 加入盐、鸡粉，淋上生抽、食用油。

❼ 注入芝麻油、陈醋，撒上蒜末、葱花。

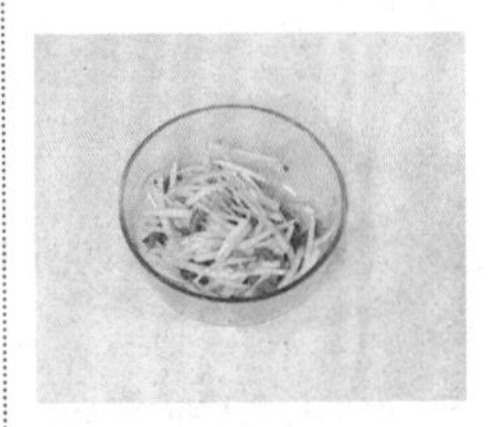

❽ 匀速搅拌一会儿，放入炸好的虾米，搅拌匀，至食材入味。

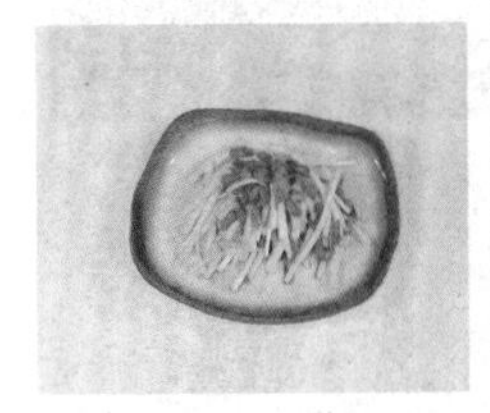

❾ 取一个盘子，盛入拌好的菜肴，摆好盘即可。

跟着做不会错：食材拌匀后可再腌渍一会儿，这样白菜梗的味道更爽脆。

毛蛤拌菠菜

◉难易度：★★☆　◉功效：降低血压

材料

毛蛤300克，菠菜120克，彩椒丝40克，蒜末少许

调料

盐3克，鸡粉2克，生抽4毫升，陈醋10毫升，芝麻油、食用油各适量

做法

❶ 将洗净的菠菜切去根部。
❷ 再切成小段。
❸ 锅中注入适量水烧开，加入适量食用油。
❹ 倒入切好的菠菜，轻轻搅拌几下，再倒入彩椒丝，搅匀。
❺ 煮约1分钟，至食材断生后捞出，沥干水分，待用。
❻ 倒入洗净的毛蛤，搅匀，用大火煮一会儿。
❼ 熟透后捞出，沥干水分，待用。
❽ 取一个干净的碗，倒入焯好的菠菜和彩椒丝。
❾ 撒上蒜末，再倒入煮熟的毛蛤。
❿ 淋入生抽，加入盐、鸡粉、陈醋，淋入芝麻油。
⓫ 快速搅拌匀，至食材入味。
⓬ 取一个干净的盘子，盛入拌好的菜肴，摆好盘即成。

跟着做不会错：毛蛤煮熟后用凉开水清洗几次，这样更利于健康。

跟着做不会错：淡菜宜先用温水泡发后再使用，这样成品的口感更佳。

淡菜拌菠菜

◉难易度：★★☆ ◉功效：降低血压

材料

水发淡菜70克，菠菜300克，彩椒40克，香菜25克，姜丝、蒜末各少许

调料

盐4克，鸡粉4克，料酒5毫升，生抽5毫升，芝麻油2毫升，食用油少许

做法

❶ 洗好的菠菜切成段，再切成丝。
❷ 洗好的彩椒去籽，切丝。
❸ 洗好的香菜切成段，备用。
❹ 锅中注入适量水烧开，放入少许食用油，加入2克盐、2克鸡粉。
❺ 倒入洗好的淡菜，淋入料酒，搅拌均匀，煮1分钟。
❻ 将汆好的淡菜捞出，沥干水分。
❼ 将菠菜再倒入沸水中，煮1分钟，加入切好的彩椒，略煮一会儿。
❽ 将焯好的食材捞出，沥干水分，待用。
❾ 将焯过水的菠菜和彩椒装入碗中。
❿ 倒入淡菜，放入姜丝、蒜末、香菜。
⓫ 加入2克盐、2克鸡粉，淋入生抽、芝麻油。
⓬ 搅拌片刻，至食材入味，盛出拌好的菜肴，装入盘中即可。

黄瓜拌蛤肉

◉难易度：★☆☆　◉功效：降低血压

材料

黄瓜200克，花蛤90克，香菜15克，胡萝卜100克，姜末、蒜末各少许

调料

盐3克，鸡粉2克，料酒8毫升，白糖3克，生抽8毫升，陈醋8毫升，芝麻油2毫升

做法

❶ 洗净去皮的胡萝卜、黄瓜均切成丝；香菜切段。
❷ 砂锅中注入适量水烧开，放入料酒、1克盐。
❸ 倒入胡萝卜，加入洗净的花蛤肉，煮1分钟。
❹ 把煮好的食材捞出，沥干水分，待用。
❺ 把黄瓜装入碗中，加入胡萝卜和花蛤。
❻ 倒入姜末、蒜末，加入香菜。
❼ 放入除料酒外的调料，拌匀，装盘即可。

凉拌蛤蜊肉

◉难易度：★★☆ ◉功效：养心润肺

材料

蛤蜊肉200克，芹菜60克，红椒10克

调料

盐2克，鸡粉1克，辣椒酱10克，生抽4毫升，芝麻油2毫升，辣椒油3毫升，食用油适量

做法

1. 将芹菜切成小段，备用。
2. 将红椒切成小块，备用。
3. 锅中注水烧开，加食用油。
4. 放入芹菜和红椒，煮1分钟。
5. 加入蛤蜊肉，再煮半分钟。
6. 把煮好的材料捞出，倒入碗中。
7. 加入盐、鸡粉、生抽。
8. 加入辣椒酱，倒入芝麻油、辣椒油。
9. 用筷子拌匀，盛出装盘即可。

辣拌蛤蜊

◉难易度：★★☆ ◉功效：养心润肺

材料

蛤蜊500克，青椒20克，红椒15克，蒜末、葱花各少许

调料

盐3克，鸡粉1克，辣椒酱10克，生抽5毫升，料酒、陈醋各4毫升，食用油适量

做法

❶ 洗净的红椒切圈，备用。
❷ 洗净的青椒切圈，备用。
❸ 沸水锅中加入蛤蜊肉煮熟。
❹ 捞出，用清水洗净，装碗。
❺ 用油起锅，倒入青椒、红椒、蒜末，爆香，加入辣椒酱。
❻ 加入生抽、陈醋、料酒、盐、鸡粉，炒匀成味汁。
❼ 盛出味汁，装入碗中备用。
❽ 蛤蜊中放入葱花，倒上味汁。
❾ 拌匀入味，盛出装盘即可。

Part 5

开胃沙拉

沙拉色泽鲜艳，美味可口而且制作简单，可让人们充分享受美味及其制作的乐趣，因而备受人们的青睐。

本部分将介绍多种时下流行的美味沙拉，科学营养，图文并茂，让读者快速掌握要领，拌出美味生活。

柠檬彩蔬沙拉

◉难易度：★☆☆ ◉功效：通便润肠

材料

生菜60克，柠檬20克，黄瓜50克，胡萝卜50克，酸奶50克

调料

蜂蜜少许

做法

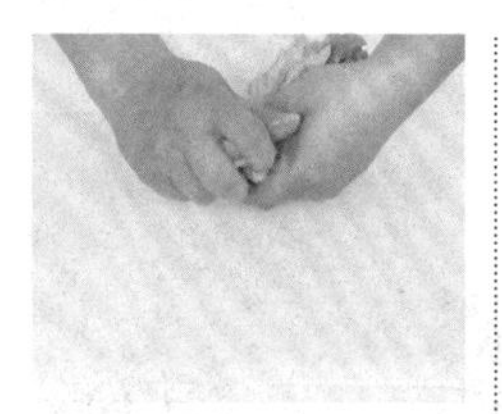

❶ 择洗好的生菜用手撕成小段，装碗。

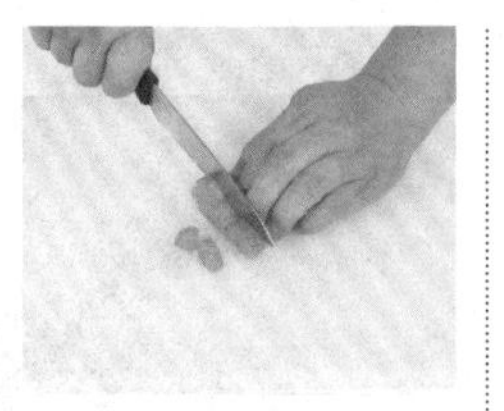

❷ 洗净去皮的胡萝卜切粗条，再切成丁。

❸ 洗净去皮的黄瓜切成条，改切成丁。

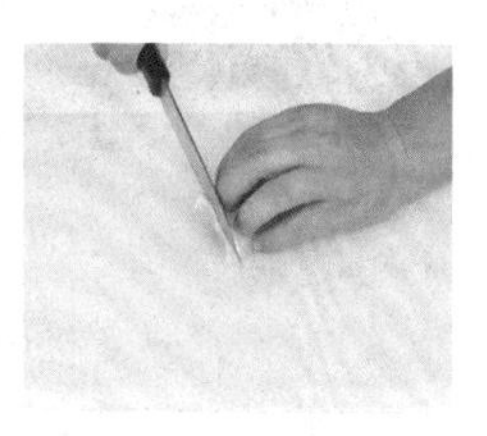

❹ 洗净的柠檬切成月牙形的薄片。

❺ 锅中注入适量水，大火烧开。

❻ 倒入胡萝卜，搅匀，煮至食材断生。

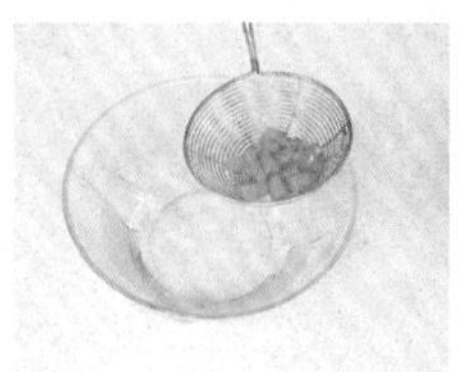

❼ 将胡萝卜捞出，沥干备用。

❽ 将黄瓜丁、胡萝卜丁倒入生菜碗中，搅拌匀。

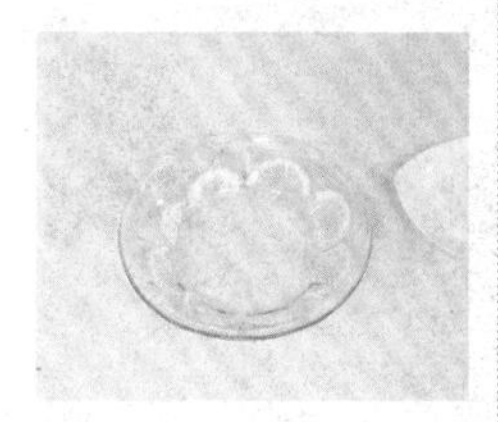

❾ 取一个盘子，摆上柠檬片。

❿ 倒入搅拌好的食材，浇上酸奶，放入少许蜂蜜调味即可。

跟着做不会错：不喜欢胡萝卜味道的人可以将胡萝卜多煮一会儿。

生菜紫甘蓝沙拉

◉难易度：★☆☆　◉功效：美容养颜

■■ 材料

生菜100克，紫甘蓝100克

■■ 调料

沙拉酱、盐、白糖、白醋、芝麻油各少许

■■ 做法

❶ 择洗好的生菜对切开，再切成小块。
❷ 洗净的紫甘蓝切成小块。
❸ 取一个碗，倒入生菜、紫甘蓝，搅拌匀。
❹ 加入少许盐、白糖、白醋、芝麻油，搅拌匀。
❺ 取一个盘子，倒入拌好的蔬菜，挤上少许沙拉酱即可。

玉米黄瓜沙拉

◉难易度：★☆☆　◉功效：降低血糖

材料

去皮黄瓜100克，玉米粒100克，罗勒叶、圣女果各少许

调料

沙拉酱10克

做法

❶ 洗净的黄瓜切粗条，改切成丁。
❷ 锅中注水烧开，倒入洗净的玉米粒，焯片刻。
❸ 关火，将玉米粒捞出，放入凉水中冷却。
❹ 捞出冷却的玉米粒，放入碗中。
❺ 放入黄瓜，拌匀。
❻ 倒入备好的盘中，挤上沙拉酱。
❼ 放上罗勒叶、圣女果做装饰即可。

彩椒鲜蘑沙拉

◉难易度：★☆☆ ◉功效：保护肝脏

材料

去皮胡萝卜40克，彩椒60克，口蘑50克，去皮土豆150克

调料

盐2克，橄榄油10毫升，胡椒粉3克，沙拉酱10克

做法

❶ 洗净的胡萝卜切片。
❷ 洗好的彩椒切片。
❸ 洗净的口蘑切块。
❹ 洗好的土豆切片。
❺ 锅中注水烧开，倒入土豆、口蘑、胡萝卜、彩椒，煮片刻。
❻ 关火，将焯好的食材捞出，放入凉水中。
❼ 食材冷却后装入碗中，加入盐、橄榄油、胡椒粉。
❽ 用筷子将食材充分拌匀。
❾ 将食材装盘，挤上沙拉酱即可。

芹香绿果沙拉

◉难易度：★☆☆　◉功效：养血补虚

材料

西芹60克，猕猴桃70克，苹果50克，白芝麻3克

调料

沙拉酱少许

做法

1. 择洗好的西芹切成长条，斜刀切成小段。
2. 洗净去皮的苹果切开去核，切块。
3. 洗净去皮的猕猴桃对半切开，切成片待用。
4. 锅中注水烧开，倒入西芹搅匀，煮至食材断生。
5. 将西芹捞出，沥干水分，放入凉水中冷却。
6. 西芹捞出倒入碗中，放入苹果，搅匀待用。
7. 取一个盘子，摆放好猕猴桃，倒入拌好的食材，挤上沙拉酱，撒上白芝麻即可。

菠菜柑橘沙拉

◉难易度：★★☆　◉功效：益气补血

材料

菠菜100克，柑橘90克，香瓜70克，酸奶15克

调料

沙拉酱少许

做法

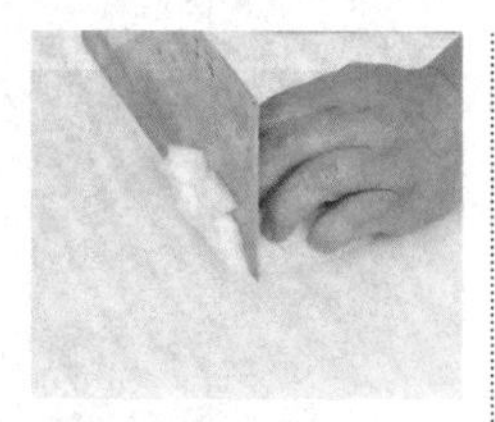

❶ 洗净去皮的香瓜切成小块，待用。

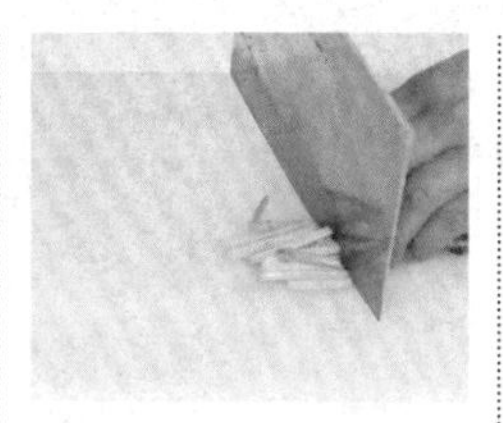

❷ 择洗好的菠菜切成均匀的小段。

❸ 锅中注入适量水，大火烧开。

❹ 倒入菠菜，搅匀，氽片刻至断生。

❺ 将菠菜捞出，放入凉水中放凉，再捞出，沥干水分，装入碗中。

❻ 将香瓜块倒入菠菜中，搅拌片刻。

❼ 取一个盘子，摆放好柑橘。

❽ 倒入拌好的香瓜、菠菜。

❾ 倒入备好的酸奶，挤上沙拉酱，即可食用。

Tips 

跟着做不会错：菠菜焯的时间不宜过久，不然会使菠菜发黄，影响口感。

跟着做不会错：可以根据个人口味，搅拌时加入一些沙拉酱。

土豆紫甘蓝沙拉

◉难易度：★★★　◉功效：降低血压

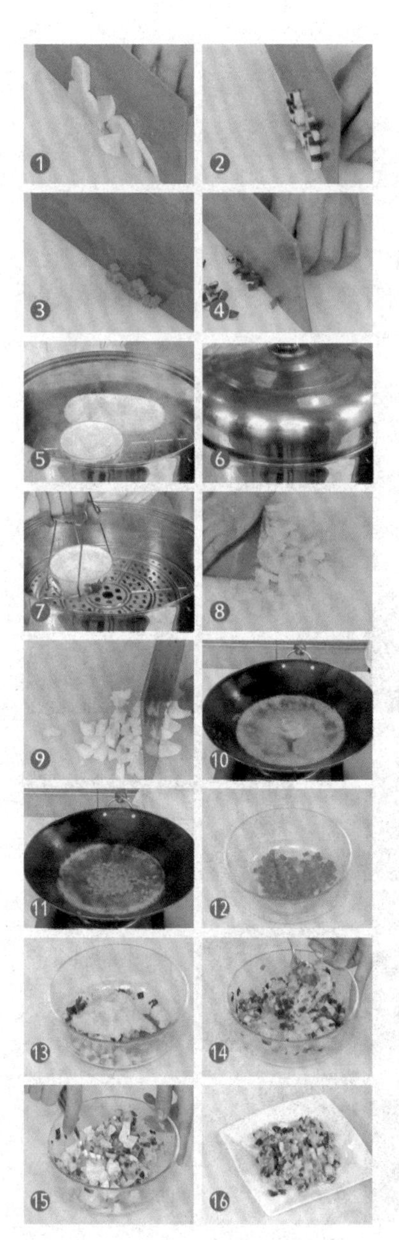

材料

土豆150克，黄瓜90克，胡萝卜90克，鸡蛋1个，紫甘蓝70克，葱花少许

调料

盐3克，橄榄油2毫升

做法

1. 洗净去皮的土豆切块，再切成片。
2. 洗好的黄瓜切厚块，再切条，改切成丁。
3. 洗净去皮的胡萝卜切片，再切条，改切成丁。
4. 洗好的紫甘蓝切条，改切成丁，备用。
5. 把切好的土豆装入盘中，放入烧开的蒸锅中，再放入鸡蛋。
6. 盖上盖，大火蒸10分钟至熟。
7. 揭开盖，将蒸熟的土豆、鸡蛋取出。
8. 把土豆压成泥状。
9. 鸡蛋剥壳，切瓣，再切成粒状。
10. 锅中注入适量水烧开，放入1克盐。
11. 倒入胡萝卜丁，搅散开，煮半分钟至断生。
12. 把煮好的胡萝卜捞出，沥干水分，装入碗中。
13. 加入切好的紫甘蓝、黄瓜，倒入土豆泥。
14. 放入葱花，加2克盐，淋上橄榄油，拌至入味。
15. 倒入切好的鸡蛋，继续拌匀。
16. 将拌好的菜肴盛出，装入盘中即可。

橄榄油蔬菜沙拉

◉难易度：★★☆　◉功效：降低血脂

材料

菠菜180克，白菜梗190克，水发黄豆200克

调料

橄榄油20毫升，盐3克，鸡粉1克，芝麻油5毫升

做法

❶ 洗好的白菜梗切去多余叶子，菜梗切粗条，改切成小块。

❷ 洗净的菠菜切成小段，备用。

❸ 沸水锅中倒入泡好的黄豆。

❹ 加入1克盐，拌匀。

❺ 加盖，用中火煮20分钟至熟透。

❻ 揭盖，捞出煮好的黄豆，沥干水分，装盘备用。

❼ 另起锅注水烧开，加入1克盐，倒入10毫升橄榄油。

❽ 放入白菜梗、菠菜，焯一会儿至断生。

❾ 捞出焯好的蔬菜，沥干水分，装盘备用。

❿ 取一碗，倒入煮好的黄豆，放入焯好的蔬菜。

⓫ 加入1克盐、鸡粉、芝麻油，再淋入10毫升橄榄油。

⓬ 将食材拌匀，装碗即可。

Tips

跟着做不会错：加入适量玉米和西红柿一起拌匀，可使成品色泽艳丽、营养更全面。

翡翠沙拉

◉难易度：★★☆　◉功效：增强免疫力

■■ 材料

金针菇70克，土豆80克，胡萝卜45克，彩椒30克，黄瓜180克，紫甘蓝35克

■■ 调料

沙拉酱适量

跟着做不会错：土豆切好后可放入清水中浸泡，以免氧化发黑。

做法

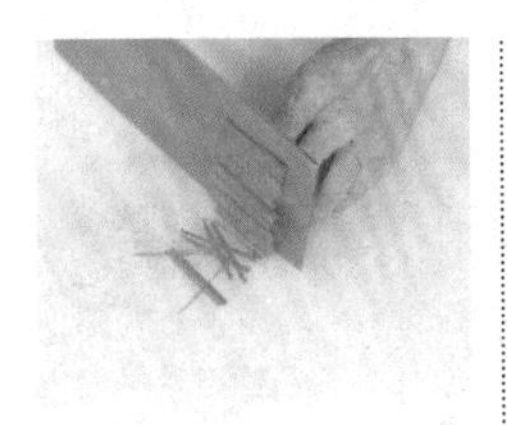

❶ 将洗净的胡萝卜去皮，切片，改切成细丝。

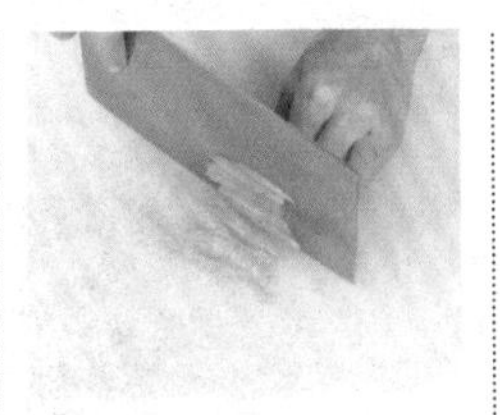

❷ 洗好的彩椒切丝。

❸ 洗净去皮的土豆去皮，切片，再切细丝。

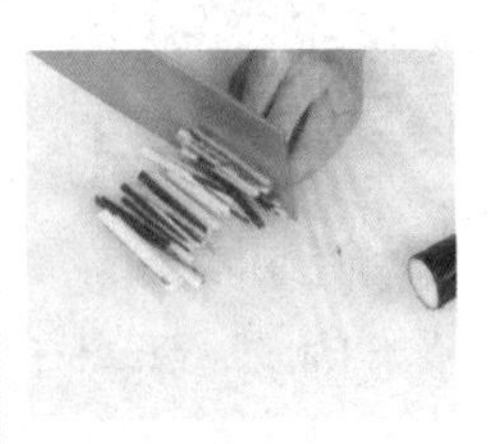

❹ 洗好的黄瓜切段，再切片，改切细丝。

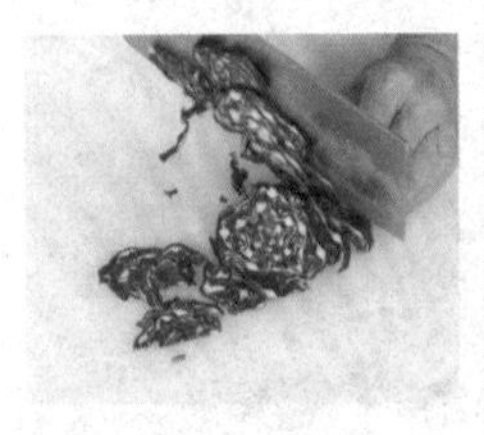

❺ 洗净的紫甘蓝去除根部，切细丝。

紫甘蓝相对一般的菜质感要硬许多，所以要将紫甘蓝切得细一点，口感会比较好。

❻ 锅中注入适量水烧开，倒入洗净的金针菇搅匀，煮至八九成熟。

❼ 捞出金针菇，沥干水分，备用。

❽ 把土豆放入沸水锅中，煮2分钟至熟。

❾ 把煮好的土豆捞出，沥干备用。

❿ 取一个盘子，放入金针菇、黄瓜、土豆、彩椒、胡萝卜。

⓫ 倒入紫甘蓝，挤上沙拉酱即成。

黄瓜水果沙拉

◉难易度：★☆☆　◉功效：益智健脑

材料

黄瓜130克，西红柿120克，橙子85克，葡萄干20克

调料

沙拉酱25克

做法

❶ 把洗净的西红柿对半切开，取一半切小瓣，切出花瓣形，另一半切片，改切成小丁。
❷ 把洗净的橙子切开，去除果皮，把果肉切小块。
❸ 洗净的黄瓜切条，改切成小丁，备用。
❹ 取一个大碗，倒入黄瓜丁、橙肉丁、西红柿丁。
❺ 挤上沙拉酱，撒上葡萄干，快速搅拌一会儿，至食材入味，待用。
❻ 另取一盘，摆放上切好的西红柿花瓣。
❼ 盛入拌好的菜肴，摆好盘即可。

苹果蔬菜沙拉

◉难易度：★☆☆　◉功效：降低血糖

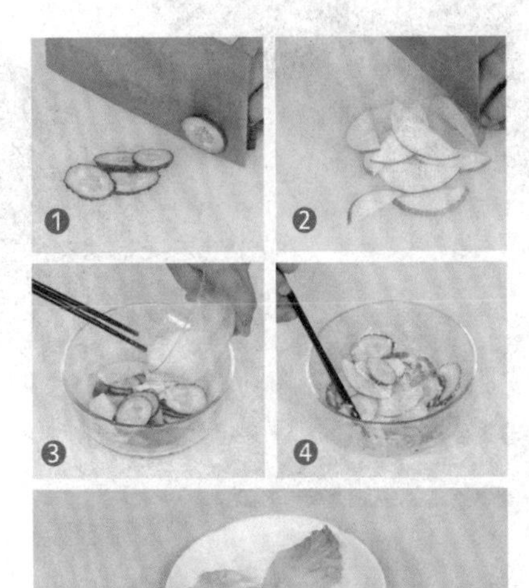

材料

苹果100克，西红柿150克，黄瓜90克，生菜叶50克，牛奶30毫升

调料

沙拉酱10克

做法

❶ 洗净的西红柿切成片；洗好的黄瓜切成片。

❷ 洗净的苹果切开，去核，再切成片，备用。

❸ 将切好的食材装入碗中，倒入牛奶。

❹ 加入沙拉酱，拌匀，继续搅拌，使食材入味。

❺ 把洗好的生菜叶垫在盘底，倒入拌好的果蔬沙拉即可。

甜橙果蔬沙拉

◉难易度：★★☆　◉功效：清热解毒

■■材料

橙子150克，黄瓜80克，圣女果40克，紫甘蓝35克，生菜叶60克

■■调料

橄榄油、生抽各适量

做法

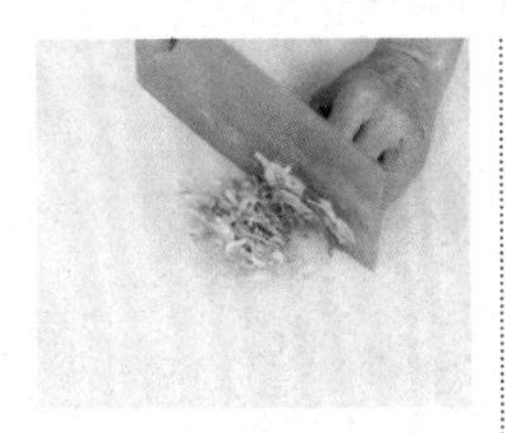

❶ 洗净的生菜叶切去根部，再切成丝。

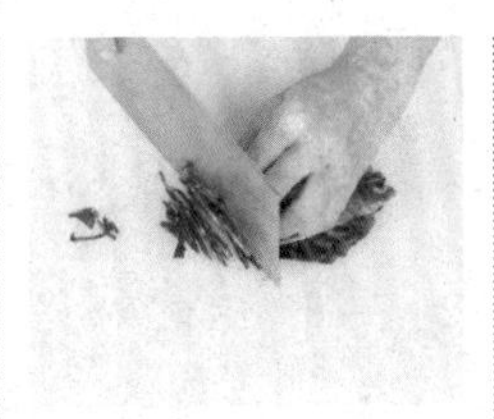

❷ 洗好的紫甘蓝切成细丝。

❸ 洗净的圣女果去除果蒂，对半切开。

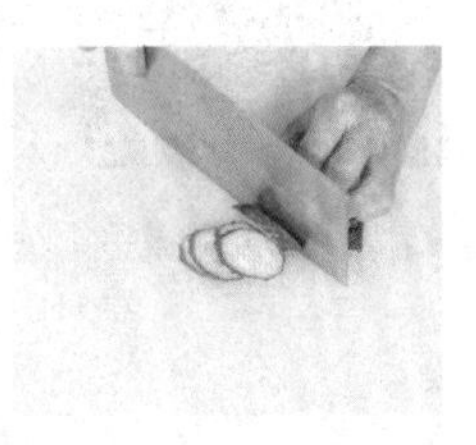

❹ 将洗好的黄瓜切成小片。

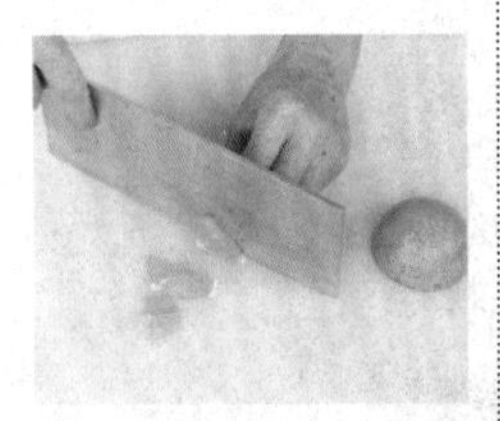

❺ 把洗净的橙子切开，再切成小瓣，去除果皮，把果肉切成片状。

❻ 取一碗，倒入橙子、黄瓜、紫甘蓝。

❼ 放入生菜叶，加入圣女果，拌匀。

❽ 倒入橄榄油，淋入生抽，拌匀调味。

❾ 另取一盘，盛入拌好的果蔬沙拉即可。

Tips 

跟着做不会错：可以根据个人的口味，淋入适量酸奶，这样成品会更加酸甜可口。

橄榄油拌果蔬沙拉

◉难易度：★★☆　◉功效：降低血糖

■■材料

紫甘蓝100克，黄瓜100克，西红柿95克，玉米粒90克

■■调料

盐2克，沙拉酱、橄榄油各适量

做法

❶ 将洗净的黄瓜切成薄片。

❷ 洗好的紫甘蓝切条，再切成小块。

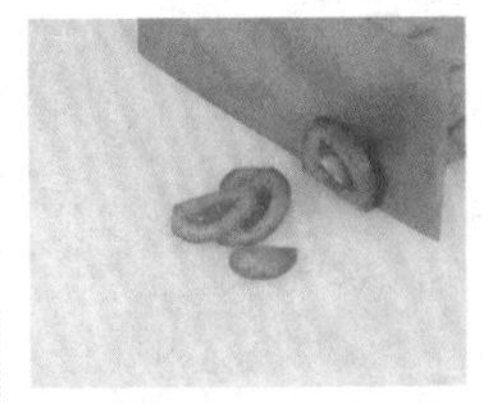

❸ 洗净的西红柿切成片，备用。

❹ 锅中注入适量水烧开，倒入洗净的玉米粒，搅拌匀，煮约1分钟。

❺ 放入切好的紫甘蓝，轻轻拌匀，煮约半分钟。

❻ 至食材断生后捞出，沥干备用。

❼ 把焯熟的食材装入碗中，倒入切好的黄瓜、西红柿。

❽ 淋上橄榄油，加入盐，拌匀，再倒入适量沙拉酱。

❾ 快速搅拌一会儿，至食材入味。

❿ 取一个干净的盘子，盛入拌好的菜肴，摆好盘即成。

Tips

跟着做不会错：玉米粒较硬，焯的时间可稍微长一些，这样能改善菜肴的口感。

紫甘蓝雪梨玉米沙拉

◉难易度：★★☆　◉功效：降低血压

材料

紫甘蓝90克，雪梨120克，黄瓜100克，西芹70克，鲜玉米粒85克

调料

盐2克，沙拉酱15克

做法

1. 洗净的西芹切条，改切成丁。
2. 洗好的黄瓜切条，再切成丁。
3. 洗净去皮的雪梨切开，去核，切成小块。
4. 洗好的紫甘蓝切条，切成小块。
5. 锅中注水烧开，放入盐。
6. 倒入洗净的玉米粒，煮半分钟，至其断生。
7. 加入紫甘蓝，再煮半分钟。
8. 把煮好的玉米粒和紫甘蓝捞出，沥干水分，备用。
9. 将西芹、雪梨、黄瓜倒入碗中。
10. 加入焯过水的紫甘蓝和玉米粒。
11. 倒入沙拉酱，用勺子搅拌匀。
12. 将拌好的沙拉盛出，装盘即可。

跟着做不会错：煮玉米粒时加点盐，会让玉米的甜味更突出。

蓝莓果蔬沙拉

◉难易度：★☆☆　◉功效：降低血脂

材料

黄瓜120克，火龙果肉片110克，橙子100克，雪梨90克，蓝莓80克，柠檬70克

调料

沙拉酱15克

做法

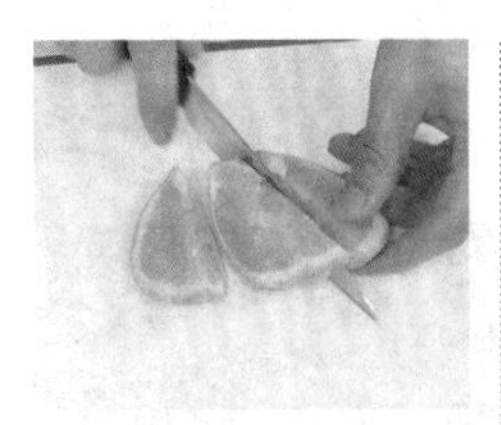

❶ 将洗净的橙子切成小瓣。

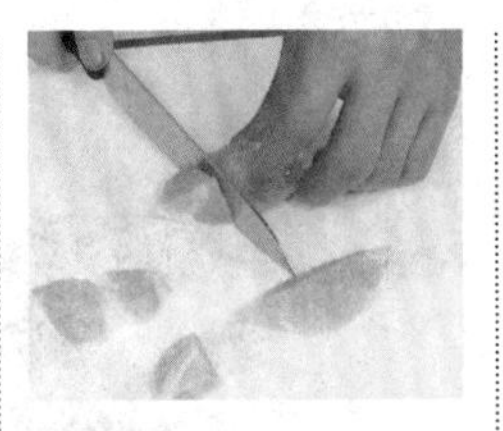

❷ 去除橙子的果皮，再把果肉切小块。

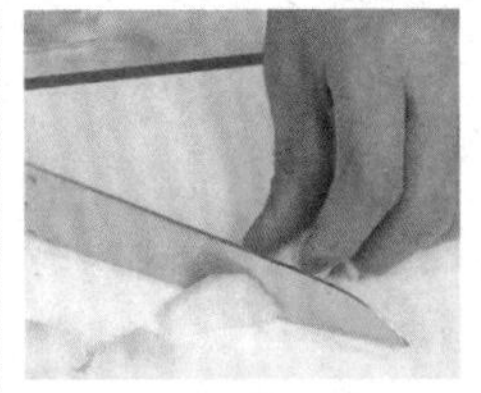

❸ 洗净去皮的雪梨切小块。

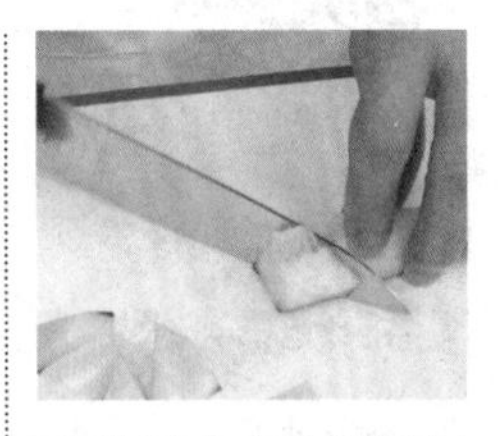

❹ 洗好去皮的黄瓜切小块，备用。

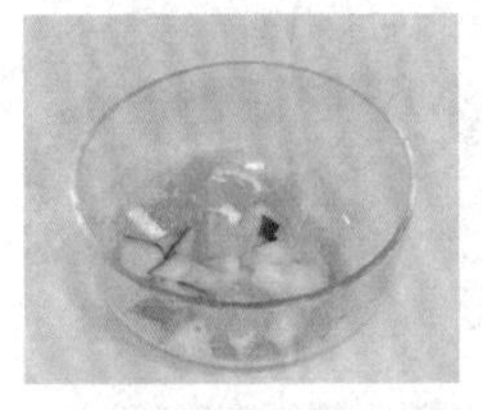

❺ 把切好的食材装入碗中。

❻ 倒入洗净的蓝莓，再放入一部分火龙果肉片。

❼ 挤上沙拉酱，再按捏柠檬，挤入柠檬汁。

❽ 搅拌一会儿，至食材入味。

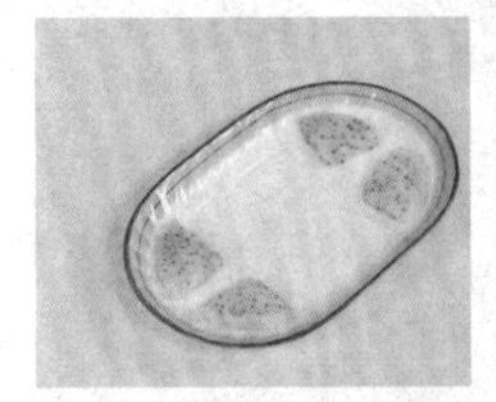

❾ 取一个干净的盘子，摆上余下的火龙果肉片。

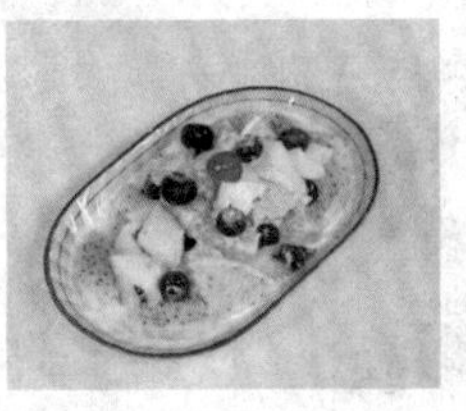

❿ 再盛入拌好的菜肴，摆好盘即成。

跟着做不会错：黄瓜的皮不宜去得太多，以免损失营养物质。

草莓苹果沙拉

◉难易度：★☆☆　◉功效：降低血糖

材料

草莓90克，苹果90克

调料

沙拉酱10克

做法

❶ 洗好的草莓去蒂，切成小块。
❷ 洗净的苹果去核，再切成小块，备用。
❸ 把切好的食材装入碗中。
❹ 加入沙拉酱，搅拌一会儿，拌至其入味。
❺ 将拌好的水果沙拉盛出，装入盘中即可。

蜜柚苹果猕猴桃沙拉

◉难易度：★☆☆　◉功效：降低血糖

材料

柚子肉120克，猕猴桃100克，苹果100克，巴旦木仁35克，枸杞15克

调料

沙拉酱10克

做法

1. 洗净的猕猴桃去皮，切成瓣，再切成小块。
2. 洗好的苹果去核，切成瓣，再切成小块。
3. 将柚子肉分成小块。
4. 把处理好的果肉全部装入碗中。
5. 放入沙拉酱，搅拌均匀。
6. 加入巴旦木仁、枸杞，拌匀，使食材入味。
7. 将拌好的水果沙拉盛出，装入盘中即可。

雪莲果猕猴桃火龙果沙拉

◉难易度：★☆☆　◉功效：降低血压

材料

雪莲果210克，火龙果200克，猕猴桃100克，牛奶60毫升

调料

沙拉酱10克

做法

❶ 将洗净的火龙果去皮，把果肉切小块。
❷ 洗好去皮的猕猴桃切小片。
❸ 洗净去皮的雪莲果切开，再切片，备用。
❹ 把切好的水果全部装入碗中。
❺ 加入沙拉酱，倒入备好的牛奶。
❻ 快速搅拌一会儿，至食材入味。
❼ 取一个干净的盘子，盛入拌好的水果沙拉，摆好盘即成。

葡萄柚猕猴桃沙拉

◉难易度：★☆☆　◉功效：保肝护肾

材料

葡萄柚200克，猕猴桃100克，圣女果70克

调料

炼乳10克

做法

❶ 洗净的猕猴桃去皮，去除硬芯，把果肉切成片。

❷ 葡萄柚剥去皮，把果肉切成小块。

❸ 洗好的圣女果切成小块，备用。

❹ 把切好的葡萄柚、猕猴桃装入碗中。

❺ 在碗中挤入炼乳。

❻ 用勺子拌匀，使炼乳裹匀食材。

❼ 取一个干净的盘子，摆上圣女果作装饰，将拌好的沙拉装入盘中即可。

五彩鲜果沙拉

◉难易度：★☆☆　◉功效：开胃消食

材料

芒果40克，猕猴桃50克，香蕉40克，酸奶50克，圣女果30克，火龙果50克

调料

沙拉酱少许

做法

1. 洗净的圣女果对半切开。
2. 洗净去皮的猕猴桃切成丁。
3. 处理好的火龙果去皮，切成丁。
4. 去皮的香蕉切成丁。
5. 洗净去皮的芒果切成丁。
6. 取一个碟，将圣女果摆放好。
7. 取一个碗，放入香蕉、芒果、火龙果。
8. 再放入猕猴桃，搅拌均匀。
9. 将拌好的水果倒入碟子中，倒入酸奶，挤上少许沙拉酱调味即可。

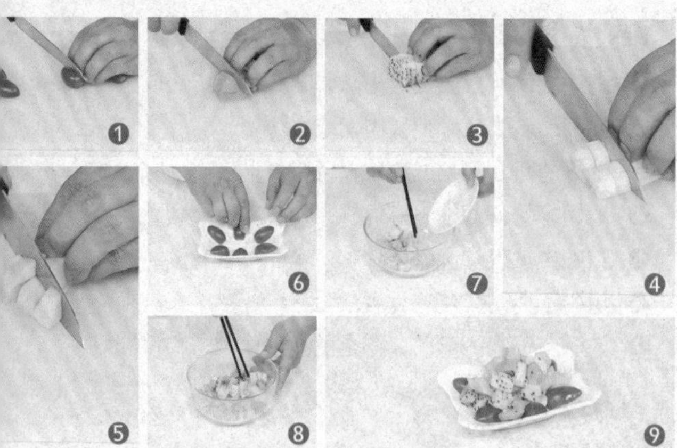

人参果杂果沙拉

◉难易度：★☆☆ ◉功效：降低血压

材料

人参果70克，雪梨120克，苹果100克，猕猴桃80克，圣女果60克

调料

沙拉酱10克，盐少许

做法

❶ 洗净的圣女果切小块。
❷ 洗好的雪梨切成瓣，去核，切成小块。
❸ 洗净去皮的人参果切成小块。
❹ 洗好的苹果切瓣，去核，切成小块。
❺ 洗净去皮的猕猴桃切成片。
❻ 取一个干净的玻璃碗，把切好的食材装入碗中。
❼ 加入沙拉酱，放入少许盐。
❽ 用勺子搅拌一会儿，使沙拉酱均匀地裹在食材上。
❾ 盛出菜肴，装入盘中即可。

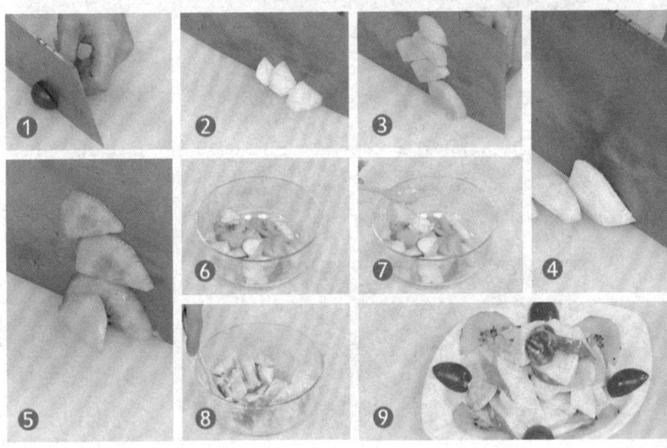

番石榴水果沙拉

◉难易度：★☆☆　◉功效：降低血糖

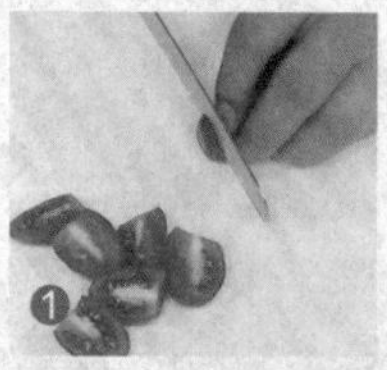

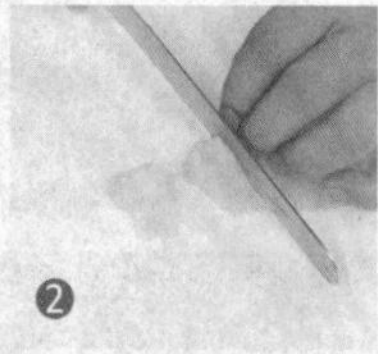

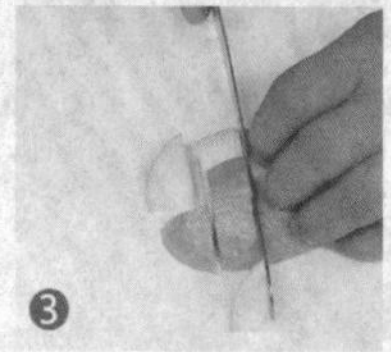

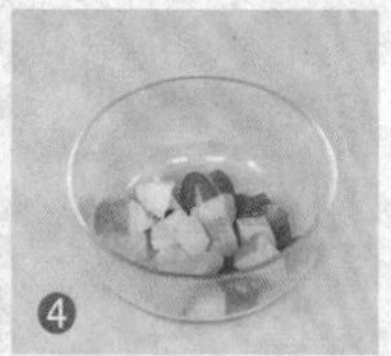

■■材料

番石榴120克，柚子肉100克，圣女果100克，牛奶30毫升

■■调料

沙拉酱10克

■■做法

❶ 将洗净的圣女果切小块。

❷ 将去皮剥下的柚子肉切小块。

❸ 洗好的番石榴切瓣，改切小块。

❹ 把切好的水果全部装入碗中。

❺ 倒入牛奶，加入沙拉酱，拌匀，把沙拉盛入盘中即可。

番荔枝水果沙拉

◉难易度：★☆☆ ◉功效：美容养颜

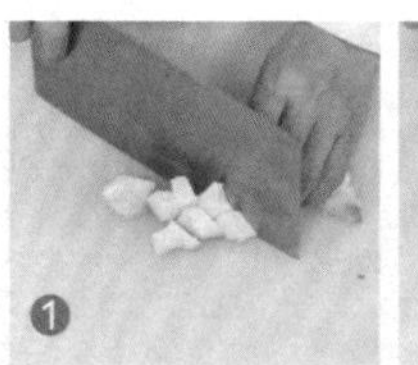

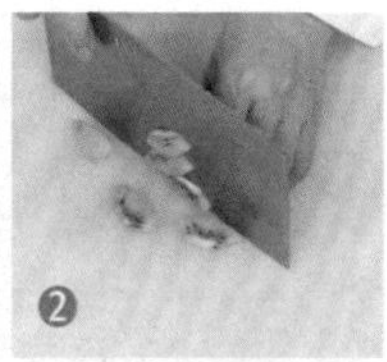

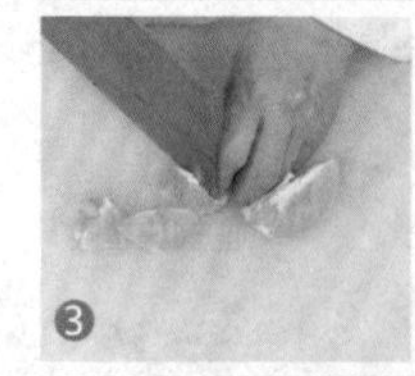

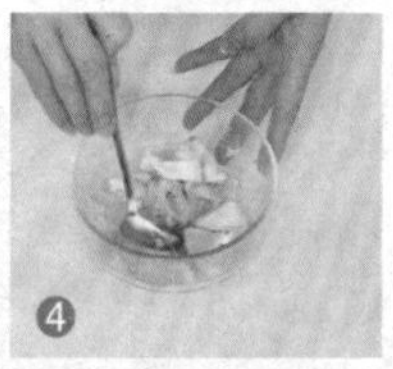

材料

番荔枝120克，橙子80克，猕猴桃65克，酸奶50毫升

做法

❶ 洗净的番荔枝去除果皮，去核，切小瓣，改切成小块。

❷ 洗好去皮的猕猴桃切开，去除硬芯，切小块。

❸ 橙子去除果皮，再切成小块，备用。

❹ 取大碗，放入番荔枝、猕猴桃、橙子、酸奶拌匀。

❺ 另取干净的盘子，盛入水果沙拉，摆好即可。

开心果鸡肉沙拉

◉难易度：★★☆　◉功效：开胃消食

材料

鸡肉300克，开心果仁25克，苦菊300克，圣女果20克，柠檬50克，酸奶20毫升

调料

胡椒粉1克，料酒5毫升，芥末少许，橄榄油5毫升

做法

❶ 洗好的圣女果去蒂，对半切开。

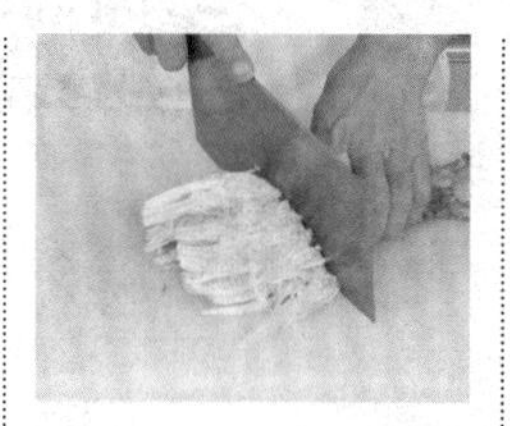

❷ 洗净的苦菊切段。

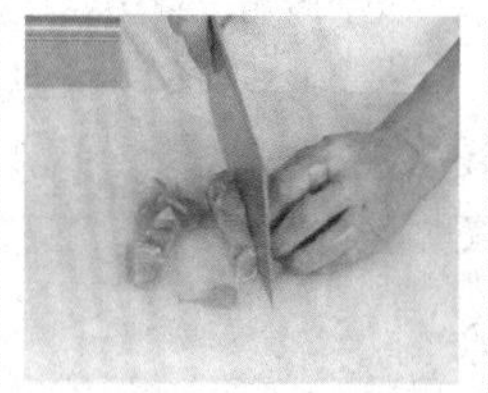

❸ 洗好的鸡肉切粗条，再切大块。

❹ 锅中注入适量水烧开，倒入切好的鸡肉，拌匀。

❺ 加入料酒，搅拌均匀，煮约4分钟，汆去血水。

❻ 捞出汆好的鸡肉，装盘备用。

❼ 取柠檬将汁液挤在酸奶中。

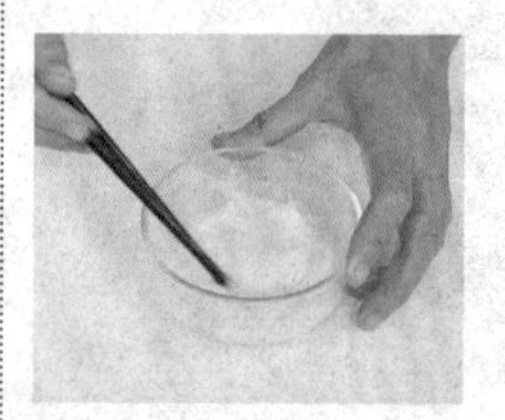

❽ 加入胡椒粉、芥末、橄榄油，拌匀，制成沙拉酱。

❾ 取一个碗，放入苦菊、开心果仁、鸡肉、圣女果。

❿ 倒入适量制好的沙拉酱即可。

Tips

跟着做不会错：汆好的鸡肉可以在凉开水里泡一会儿，这样成品的口感会更好。

彩椒蟹柳沙拉

◉难易度：★☆☆　◉功效：清热解毒

材料

彩椒50克，蟹柳100克，荷兰豆50克

调料

沙拉酱、炼乳、食用油各适量

做法

❶ 将洗净的荷兰豆切成小块。
❷ 洗净的彩椒切成丁。
❸ 蟹柳去除外包装，斜切成段。
❹ 锅中注水烧开，加食用油。
❺ 放入切好的彩椒丁和荷兰豆，煮约1分钟至熟。
❻ 把锅中的材料捞出，备用。
❼ 将彩椒、荷兰豆放入碗中。
❽ 加入蟹柳、沙拉酱、炼乳，搅拌均匀。
❾ 把碗中材料充分拌匀，盛出装盘即成。